U0231937

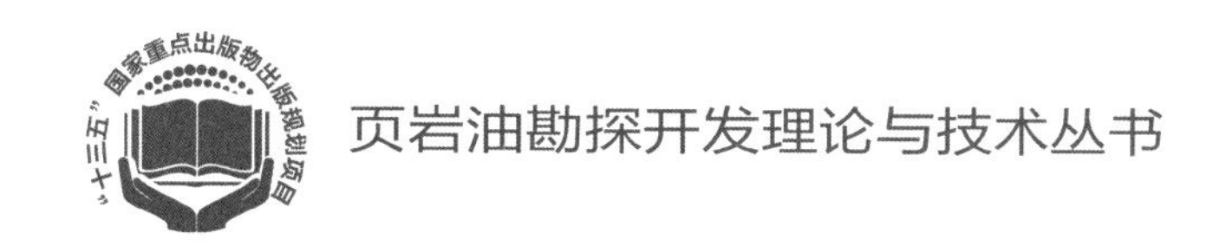

页岩油钻完井技术与应用

倪红坚　宋维强 ◎ 等著

石油工业出版社

内容提要

本书基于国内外页岩油钻完井的探索实践，在分析归纳页岩油藏钻完井理论研究和技术攻关难点的基础上，系统介绍了页岩油钻完井的基本工艺流程，着重总结并展望了在提速提效、优化设计、储层保护、资源开发效率等领域研发的页岩油钻完井新技术、新方法和新装备。

本书可为从事页岩油开发的工程人员和科研人员提供参考，也可供石油高等院校相关专业师生阅读。

图书在版编目（CIP）数据

页岩油钻完井技术与应用 / 倪红坚等著 .—北京：石油工业出版社，2021.3

（页岩油勘探开发理论与技术丛书）

ISBN 978-7-5183-4000-2

Ⅰ .①页… Ⅱ .①倪… Ⅲ .①油页岩 – 油气钻井 – 完井 Ⅳ .① TE257

中国版本图书馆 CIP 数据核字（2020）第 267400 号

出版发行：石油工业出版社

（北京安定门外安华里 2 区 1 号 100011）

网 址：www.petropub.com

编辑部：（010）64523544 图书营销中心：（010）64523633

经 销：全国新华书店

印 刷：北京中石油彩色印刷有限责任公司

2021 年 3 月第 1 版 2021 年 3 月第 1 次印刷

787×1092 毫米 开本：1/16 印张：9

字数：230 千字

定价：100.00 元

（如出现印装质量问题，我社图书营销中心负责调换）

《页岩油勘探开发理论与技术丛书》
编委会

序　一

FOREWORD

我国经济快速稳定发展，经济实力显著增长，已成为世界第二大经济体。与此同时，我国也成为世界第二大原油消费国，第三大天然气消费国，最大的石油和天然气进口国。2019 年，我国石油和天然气对外依存度分别攀升到 71% 和 43%。过高的对外依存度，将导致我国社会经济对国际市场、地缘政治变化的敏感度大大增加，因此，必须大力提升国内油气勘探开发力度，保证国内生产发挥“压舱石”的作用。

我国剩余常规油气资源品质整体变差，低渗透、致密、稠油和海洋深水等油气资源占比约 80%，勘探对象呈现复杂化趋势，隐蔽性增强，无效或低效产能增加。我国非常规油气资源尤其是页岩油气资源潜力大，处于勘探开发起步阶段。21 世纪以来，借助页岩气成熟技术和成功经验，以北美地区为代表的页岩油勘探开发呈现良好发展态势。我国页岩油地质资源丰富，探明率极低，陆相盆地广泛发育湖相泥页岩层系，鄂尔多斯盆地长 7 段、松辽盆地青一段、准噶尔盆地芦草沟组、渤海湾盆地沙河街组、三塘湖盆地二叠系、柴达木盆地古近系等重点层系，已成为我国页岩油勘探开发的重要领域，具有分布范围广、有机质丰度高、厚度大等特点。页岩油有望成为我国陆上最值得期待的战略接替资源之一，在我国率先实现陆相“页岩油革命”。

与页岩气商业化开发的重大突破相比，页岩油的勘探开发虽然取得了重要进展，但效果远远不如预期。可以说，页岩油的有效勘探开发面临众多特有的、有待攻克的理论和技术难题，涵盖从石油地质、地球物理到钻完井、压裂、渗流等各个方面。瞄准这些难题，中国石油大学（华东）的一批学者在国家、行业和石油企业的支持下超前谋划，围绕页岩油等重大战略性资源进行超前理论和技术的探索，形成了一系列创新性的研究成果。为了能更好地推广相关成果，促进我国页岩油工业的发展，由卢双舫、薛海涛、印兴耀、倪红坚、冯其红等一批教授联合撰写了《页岩油勘探开发理论与技术丛书》（以下简称《丛书》）。《丛书》入选“‘十三五’国家重点出版物出版规划项目”，并获得“国家出版基金项目”资助。《丛书》包括五个分册，内容涵盖了页岩油地质、地球物理勘探、核磁共振、页岩油钻完井技术与页岩油开发技术等内容。

掩卷沉思，深感创新艰难。中国石油工业，从寻找背斜油气藏，到岩性地层油气藏，再到页岩油气藏等非常规油气藏，一步步走来，既归功于石油勘探开发技术的创新和发展，更重要的是石油勘探开发科技工作者勇于摒弃源储分离的传统思维，打破构造高点是油气最佳聚集区的认识局限，改变寻找局部独立圈闭的观念，颠覆封盖层不能作为储层等传统认知。非常规油气理念、理论和技术的创新，有可能使东部常规老油区实现产量逆转式增长，实现国内油气资源和技术的战略接续。

作为页岩油研究方面的第一套系统著作，《丛书》注重最新科研成果与工程实践的结合，体现了产学研相结合的理念。《丛书》是探路者，它的出版将对我国正在艰苦探索中的页岩油研究和产业发展起到积极推动作用。《丛书》是广大页岩油研究人员交流的平台，希望越来越多的专家、学者能够投入页岩油研究，早日实现“页岩油革命”，为国家能源安全贡献力量。

中国科学院院士 

2020 年 12 月

序　二

FOREWORD

人才是第一资源，创新是第一动力，科技是第一生产力。科技创新就是要支撑当前、引领未来、推动跨越。世界石油工业正在进行一次从常规油气到非常规油气的科技创新和跨越。我国石油工业发展到今天，常规油气资源勘探程度越来越高，品质越来越差，非常规油气资源的有效动用就更需要科技创新与人才培养。

从资源潜力来看，页岩油是未来我国石油工业可持续发展的战略方向和重要选择。近年来，国家和各大石油公司都非常重视页岩油资源的勘探和开发，在大港、新疆等探区取得了阶段性进展。然而，如何客观评价页岩油资源潜力、提高资源动用成效，是目前页岩油研究面临的重大问题。究其原因，在于我国湖相页岩储层与页岩油的特殊性。页岩的致密性、页岩油的强吸附性及高黏度制约了液态烃在页岩中的流动；湖相页岩中较高的黏土矿物含量影响了压裂效果。由于液体的压缩—膨胀系数小于气体，页岩油采出的驱动力不足且难以补充。因此，需要研究页岩油资源评价与有效动用的新理论、新技术体系，包括页岩成储机理与分级评价方法，页岩油赋存机理与可流动性评价，页岩油富集、分布规律与页岩油资源潜力评价技术，页岩非均质性地球物理响应机理及地质“甜点”、工程“甜点”评价和预测技术，页岩破岩机理与优快钻井技术，页岩致裂机理与有效复杂缝网体积压裂改造技术，以及多尺度复杂缝网耦合渗流机理及评价技术等。面对这些理论、技术体系，既要从地质理论和地球物理技术上着力，也要从优快钻井、完井、压裂、渗流和高效开发的理论及配套技术研发上突破。

中国石油大学（华东）卢双舫、薛海涛、印兴耀、倪红坚、冯其红等学者及其团队，发挥石油高校学科门类齐全及基础研究的优势，成功申请了国家自然科学重点基金、面上基金、“973”专项等支持，从地质、地球物理、钻井、渗流等方面进行了求是创新的不懈探索，加大基础研究力度，逐步形成了一系列立于学科前沿的研究成果。与此同时，积极主动与相关油气田企业合作，将理论研究成果与油田生产实践相结合，推动油田生产试验，接受实践的检验。在完整梳理、总结前期有关研究成果和勘探开发认识的基础上，团队编写了《页岩油勘探开发理论与技术丛书》，对于厘清思路、识别误区、明确下一步攻关方向具有重要实际意义。《丛书》由石油工业出版社成功申报“‘十三五’国家重点出版物出版规划项目”，并获得“国家出版基金项目”资助。

《丛书》是国内第一套有关页岩油勘探开发理论与技术的丛书，是页岩油领域产学研成果的结晶。它的出版，有助于中国的油气科技工作者了解页岩油地质、地球物理、钻完井、开发等方面的最新成果。

中国陆相页岩油资源潜力巨大，《丛书》的出版，对我国陆相“页岩油革命”具有重要意义。

中国科学院院士 [signature]

2020 年 12 月

丛书前言

PREFACE TO SERIES

油气作为经济的血液和命脉，保障基本供给不仅事关经济、社会的发展和繁荣，也事关国家的安全。2019 年我国油气对进口的依赖度已经分别高达 71% 和 43%，成为世界最大的油气进口国，也远超石油安全的警戒线，形势极为严峻。

依靠陆相生油理论的创新和实践，我国在东部发现和探明了大庆、胜利等一批陆相（大）油田。这让我国一度甩掉了贫油的帽子，并曾经成为石油净出口国。但随着油气勘探开发的深入，陆相盆地可供常规油气勘探的领域越来越少。虽然后来我国中西部海相油气的勘探和开发也取得了重要突破和进展，但与中东、俄罗斯、北美等富油气国（地区）相比，我国的油气地质条件禀赋，尤其是海相地层的油气富集、赋存条件相差甚远。因此，尽管从大庆油田发现以来经过了 60 多年的高强度勘探，我国的人均石油储量（包括致密油气储量）也仅为世界的 5.1%，人均天然气储量仅为世界的 11.5%。事实上我国仍然位于贫油之列。这表明，我国依靠常规油气和致密油气增加储量的潜力有限，至多只能勉强补充老油田产量的递减，很难有增产的空间。

借鉴北美地区经验和技术，我国在海相页岩气的勘探开发上取得了重要突破，发现和探明了涪陵、长宁、威远、昭通等一批商业性的页岩大气田。但从客观地质条件来看，我国海相页岩气的赋存、富集条件也远远不如北美地区，因而我国海相页岩气资源潜力不及美国，最乐观的预测产量也不能满足经济发展对能源的需求。我国海相地层年代老、埋藏深、成熟度高、构造变动强的特点也决定了基本不具有美国那样的海相页岩油富集条件。

我国石油工业几十年勘探开发积累的资料和成果表明，作为东部陆相常规油气烃源岩的泥页岩中蕴含着巨大的残留油量，如第三轮全国油气资源评价结果，我国陆相地层总生油量为 6×10^{12}t，常规油气资源量为 1287×10^{8}t，仅占总生油量的 2%，除了损耗、散失及分散的无效资源外，相当部分已经生成的油气仍然滞留在烃源岩层系内成为页岩油。页岩油在我国东部湖相（如松辽、渤海湾、江汉、泌阳等陆相湖盆）厚层泥页岩层系及其中的砂岩薄夹层中普遍、大量赋存。

可以说，陆相页岩油资源潜力巨大，是缓解我国油气突出供需矛盾、实现石油工业可持续发展的重要选项，有可能成为石油工业的下一个“革命者”，并在大港、新疆、辽河、南阳、江汉、吐哈等油区勘探开发取得了一定的进展或突破。但总体上看，目前的成效与其潜力相比还有巨大的差距。究其原因，在于我国湖相页岩的特殊性所带来的前所未有的理论、技术的挑战和难题。这些难题，涵盖从地质、地球物理到钻完井、压裂、渗流等各个方面。瞄准这些难题，中国石油大学（华东）的一批学者在国家、行业和石油企业的支持下，先后申请了从国家自然科学重点基金、面上基金、“973”前期专项到省部级、油田企业等一批项目的支持，进行了不懈探索，逐步形成了一系列有所创新的研究成果。为了能更好地推广相关成果，促进我国页岩油工业的发展，在石油工业出版社的推动下，由卢双舫、薛海涛联合印兴耀、倪红坚、冯其红等教授，于2016年成功申报“‘十三五’国家重点出版物出版规划项目”《页岩油勘探开发理论与技术丛书》。此后，在各分册作者的共同努力下，于2018年下半年完成了各分册初稿的撰写，经郝芳、邹才能两位院士推荐，于2019年初获得“国家出版基金项目”资助。

本套丛书分为五个分册：

第一部《页岩油形成条件、赋存机理与富集分布》，由卢双舫教授、薛海涛教授组织撰写。通过对典型页岩油实例的解剖，结合微观实验、机理分析和数值模拟等研究手段，比较系统、深入地剖析了页岩油的形成条件、赋存机理、富集分布规律、可流动性、可采性及资源潜力，建立了3项分级／分类标准（页岩油资源潜力分级评价标准、泥页岩岩相分类标准、页岩油储层成储下限及分级评价标准）和5项评价技术（不同岩相页岩数字岩心构建技术，页岩有机非均质性／含油性评价技术，页岩无机非均质性／脆性评价技术，页岩油游离量／可动量评价技术及页岩物性、可动性和工程“甜点”综合评价技术），并进行了实际应用。

第二部《页岩油气地球物理预测理论与方法》，由印兴耀教授撰写。创建了适用于我国页岩油气地质地球物理特征的地震岩石物理模型，量化了微观物性及物质组成对页岩油气地质及工程“甜点”宏观岩石物理响应的影响，创新了地质及工程“甜点”岩石物理敏感参数评价方法，明确了页岩油气地质及工程“甜点”地球物理响应模式，形成了页岩TOC值及含油气性叠前地震反演预测技术，建立了页岩油气脆性及地应力等可压裂性地球物理评价体系，为页岩油气高效勘探开发提供了地球物理技术支撑。

第三部《页岩油储集、赋存与可流动性核磁共振一体化表征》，由卢双舫教授、张鹏飞博士组织撰写。通过对页岩油储层及赋存流体核磁共振响应的深入、系统剖析，建立了页岩储集物性核磁共振评价技术体系，系统分析了核磁共振技术在页岩孔隙系统、孔隙结构及孔隙度和渗透率评价中的应用，创建了页岩油赋存机理核磁共振评价方法，明确了页岩吸附油微观赋存特征（平均吸附相密度和吸附层厚度）及变化规律，建立了页岩吸附—游离油 T_2 谱定量评价模型，同时创建了页岩油可流动性实验评价方法，揭示了页岩油可流动量及流动规律，形成了页岩油储集渗流核磁共振一体化评价技术体系，为页岩油地质特征剖析提供了理论和技术支撑。

第四部《页岩油钻完井技术与应用》，由倪红坚教授、宋维强讲师组织撰写。钻完井是页岩油开发中不可或缺的环节。页岩油的赋存特征决定了页岩油藏钻完井技术有其特殊性。目前，水平井钻井结合水力压裂是实现页岩油藏商业化开发的主要技术手段。基于国内外页岩油钻完井的探索实践，在分析归纳页岩油藏钻完井理论研究和技术攻关难点的基础上，系统介绍了页岩油钻完井的基本工艺流程，着重总结并展望了在提速提效、优化设计、储层保护、资源开发效率等领域研发的页岩油钻完井新技术、新方法和新装备。

第五部《页岩油流动机理与开发技术》，由冯其红教授、王森副教授撰写。结合作者多年在页岩油流动机理与高效开发方面取得的科研成果，系统阐述了页岩油的赋存状态和流动机理，深入研究了页岩油藏的体积压裂裂缝扩展规律、常用油藏工程方法、数值模拟和生产优化方法，介绍了页岩油的提高采收率方法和典型的油田开发实例，为我国页岩油高效开发提供了重要的理论依据和方法指导。

作为国内页岩油勘探开发方面的第一套系列著作，《丛书》注重最新科研成果与工程实践的结合，体现产学研相结合的理念。虽然作者试图突出《丛书》的系统性、科学性、创新性和实用性，但作为油气工业的难点、热点和正在日新月异飞速发展的领域，很多实验、理论、技术和观点都还在形成、发展当中，有些还有待验证、修正和完善。同时，作者都是科研和教学一线辛勤奋战的专家和骨干，所利用的多是艰难挤出的零碎时间，难以有整块的时间用于书稿的撰写和修改，这不仅影响了书稿的进度，同时也容易挂一漏万、顾此失彼。加上受作者所涉猎、擅长领域和水平的局限，难免有疏漏、不当之处，敬请专家、读者不吝指正。

希望《丛书》的出版能够抛砖引玉，引起更多专家、学者对这一领域的关注和更多更新重要成果的出版，对我国正在艰苦探索中的页岩油研究和产业发展起到积极推动作用。

最后，要特别感谢中国石油大学（华东）校长郝芳院士和中国石油集团首席专家、中国石油勘探开发研究院副院长邹才能院士为《丛书》作序！感谢石油工业出版社为《丛书》策划、编辑、出版所付出的辛劳和作出的贡献。

丛书编委会

前 言

PREFACE

页岩油是未来石油工业可持续发展的战略方向和重要接替之一，北美地区已在页岩油勘探、开发方面取得了重大进展。中国陆相页岩储层广泛分布，页岩油资源潜力巨大。近年来，准噶尔盆地东缘、鄂尔多斯盆地、松辽盆地、柴达木盆地、三塘湖盆地等已成为中国页岩油勘探、开发的重要区域。钻完井是页岩油开发中不可或缺的环节，陆相页岩以其特有的储层物理性质，给钻完井工程带来诸多理论和技术难题。

近 20 年来，以笔者为主的研究团队一直从事钻完井新技术、新方法的研究和技术探索，取得了一定的成绩。为了更好地推广相关成果，本书较为系统地总结了国内外页岩油钻完井经验，梳理了适合中国陆相页岩油钻完井的基础理论、新方法、新技术和新工具，基本涵盖了页岩油钻完井工程技术的核心内容，希望能为促进中国页岩油钻完井理论与技术的研究和发展提供参考。

本书由倪红坚教授拟定撰写提纲并统稿，由宋维强、周毅、刘为力、丁璐具体撰写各个章节，由倪红坚、宋维强审稿。本书主要内容分为五章：第一章页岩油钻完井中的关键基础理论与进展，主要介绍页岩油储层赋存条件对钻井、压裂的基本要求；第二章页岩油钻井技术，在分析页岩油钻井难点的基础上，重点介绍了水平井优快钻井技术与装备的研发与应用进展；第三章页岩油钻井液技术、针对页岩储层井壁失稳特征，重点介绍了油基钻井液等技术的研发与应用进展；第四章页岩油固井技术，主要介绍了长水平段下套管技术、固井液体系及固井工艺技术的研发与应用进展；第五章总结了页岩油完井与储层改造技术的认识，给出了发展建议。本书在编写过程中，得到了许多业内专家学者的大力支持，参考和借鉴了部分学者的研究及应用成果。初稿完成后，邀约行业内的多位专家进行了审阅，最后根据专家提出的具体意见修改定稿。对在本书编写及审稿过程中提供帮助的专家和学者一并表示衷心感谢。

由于时间仓促，加上笔者学识和专业水平有限，书中某些观点和认识难免失之偏颇，如有不当之处，诚请广大读者批评指正。

目 录

CONTENTS

第一章

页岩油钻完井中的关键基础理论与进展

页岩油是指储存于富有机质、以纳米级孔喉为主的页岩地层中的石油，是成熟有机质页岩石油的简称。页岩既是烃源岩，又是储集岩。页岩油以吸附态和游离态形式存在，一般油质较轻、黏度较低，主要储集于纳米级孔喉和裂缝系统中，多沿片状层理面或与其平行的微裂缝分布。页岩油是重要的非常规石油类型，要想进行工业化开发利用，关键在于页岩油地质理论创新和工业化技术突破，有可能成为未来20～30年内的重要油气资源。

受美国成功开发页岩油气的启示，中国大力加强了对页岩油气的探索力度。但与页岩气钻探技术的不断突破相比，页岩油钻完井技术的发展相对滞后。2010年中国石化在河南油田泌阳凹陷深凹区施工安深1井和泌页HF1井，通过长水平井钻井结合大型分段压裂获得工业油流，成为中国首个获得陆相页岩油发现与突破的地区。但是，页岩油产量递减快，远远达不到美国泥砂互层致密页岩油的开发效果，尚无法效益开采。前期工程探索实践中，主要依靠水平井钻井和体积压裂两项核心技术来获得规模化开发，期间遇到了诸多工程问题，亟待建立相关基础理论体系，完善配套工艺措施，指导页岩油藏安全优质钻井和压裂改造。

第一节　页岩油钻完井理论研究进展

一、页岩油钻完井中的关键力学问题

页岩油作为一种典型的边际油气资源，其开发对工程技术提出了更高的要求，相比常规油藏开发其作业风险更大、成本更高，这给页岩油藏钻完井带来一系列基础理论方面的挑战，突出表现为已有理论体系不再适用，力学—化学—渗流等多重耦合作用更为强烈。因此，有必要通过科研攻关，建立一套页岩油藏钻完井基础理论体系，以支撑技术的发展和应用。现场实践中，严重的井壁垮塌且垮塌周期延长是制约长水平段钻井的主要因素（田平等，2015），因此可从研究页岩油藏井壁坍塌机理着手，进而形成页岩井在力学—化学—渗流耦合作用下的井壁稳定性分析方法，也将有利于指导钻井液体系的优选及参数优化，且是页岩油藏钻井井身结构设计的重要基础。综上所述，为实现页岩油藏优质钻井，需解决以下关键的力学问题：

（1）揭示层理性页岩与钻井液接触过程中的力学—化学—渗流耦合作用机制；

（2）建立层理性页岩在力学—化学—渗流耦合作用下的本构关系；

（3）在力学—化学—渗流耦合作用条件下，考察油藏井壁围岩应力—应变分布变化规律，并建立相关计算方法；

（4）考察层理性页岩坍塌机理及主要影响控制因素；

（5）建立页岩油藏长水平段井壁稳定周期的计算方法；

（6）建立井筒完整性的评价方法；

（7）探明页岩油储层伤害机理，研发低伤害环保型水基钻完井液体系；

（8）依据可钻性与可压性，建立高压水射流技术适用性评价方法；

（9）探索高压水射流钻井压裂一体化技术原理，建立页岩油藏新型钻完井方法；

（10）形成页岩油藏水平井工厂化钻完井评估与优化设计方法。

二、页岩油钻完井问题的对策研究

钻井液、地层流体与页岩的力学—化学耦合问题是井壁稳定问题的根源。有学者将力学—化学耦合问题划分为两个层次（庄茁等，2015），即流体力学—固体力学耦合问题和流体力学—固体力学—化学耦合问题。

流体力学—固体力学耦合的实质是：孔隙流体流动引起孔隙压力变化，进而导致岩石体积和应力状态的改变；岩石应力状态的改变又将影响孔隙流体的流动和孔隙压力。显然这种流体扩散与岩石变形具有时间效应，因此根据应力重分布计算得到的安全钻井液密度窗口是非稳态的。最先发展形成的流体力学—固体力学耦合理论是各向同性单孔弹性理论，其基本思想是将岩石骨架视作纯弹性体，孔隙流体视作可压缩的黏性流体；随着研究的不断深入，岩石骨架可以含有单孔的各向同性弹性体来建模和处理；具有代表性的研究人员包括 Lubinski（1954）、Biot（1955）、Rice（1976）和 Yew（1992）等。1979 年，Carroll 提出了各向异性单孔有效应力定律，用以描述孔隙饱和的各向异性岩石对孔隙流体压力的线弹性响应，显然该理论对岩石骨架的建模有了进一步的发展。1997 年，Chen 建立了双重孔隙介质有效应力定律，其中流体流动在双重孔隙介质概念的背景下进行建模，而地质力学模型基于了 Biot 等温线弹性多孔介质理论，考虑了双连续性、裂缝型岩体孔隙体积变化与应力变化的耦合关系，为实现由常规流体流动双重孔隙介质模型向流体—地质力学模型发展奠定了基础。

1969 年，Chenevert 通过研究发现泥页岩水化也是诱发井壁失稳的重要原因，开辟了力学—化学耦合的研究方向。Darly（1976）、Gray（1980）先后通过实验和理论分析研究了泥页岩水化问题，并考察了钻井液组成对水化的影响规律，进而提出了活度平衡和非理想渗透膜的概念；基于活动平衡理论，分析泥页岩中流体流动规律，研究证实高浓度盐水钻井液、油基钻井液或油包水型钻井液有利于抑制水化，进而有利于避免井壁失稳。当泥页岩中发育微小裂缝时，受润湿选择性和表面张力的影响，通常水基钻井液的临界毛细管压力较小，进而井壁上实际承受的是液柱压力和孔降压力之差，而油基钻井液几乎是将全部液柱压力作用于井壁之上。

针对泥页岩流体力学—固体力学耦合、力学—化学耦合的研究为更复杂的力学—化学—渗流双重耦合的研究奠定了基础，进而为实现泥页岩井壁稳定的定量化数学描述创造了条件。有学者将力学—化学—渗流双重耦合理论归纳为四类，即总压力理论、总吸附水热比拟法、等效孔隙压力法、总水势的增量弹性理论。钻井过程中，井筒内和页岩岩体中的水和离子在水力压差和活度差的作用下发生渗流交换，从而影响井壁围岩的应力状态和力学特性，双重耦合模型通过渗透压或含水量的变化将上述影响定量地计入井壁稳定力学模型中。Lomba 等（2000）利用唯象规律，基于渗流—力学耦合实现了水力—电化学耦合，将电解质的浓度和板间距作为计算泥页岩半透膜特性的关键系数，可以通过调节流体中离子浓度控制水穿透泥页岩。唯象规律支撑了近年来多场耦合井壁稳定研究的发展，但由于泥页岩水化涉及的力学—化学耦合具有高度复杂性，难以预估泥页岩的唯象系数和反射系数，使用较为困难。Ghassemi 等（2002，2003，2009）建立了膨胀性页岩化学—孔隙线弹性模型，进而提出了线性化学—孔隙—热弹性耦合模型，随后又建立了非线性化学孔隙—热弹性耦合模型，用全耦合化学—孔隙—热弹性有限元模型分析解释井眼实际问题。

基于孔隙力学的双重孔隙和双重渗透性理论，Abousleiman 模拟分析了三维地应力状态下孔隙—裂缝性页岩地层中斜井段井壁稳定问题（Abousleiman 等，2005；Eguyen 等，2009，2010），由于井筒液柱压力与页岩体内孔隙压力的差异及裂缝变形影响井壁围岩有效应力状态，数学模型中综合考虑了裂缝网络、页岩基质、钻井液密度的联合影响，分析了非稳态的坍塌压力和破裂压力，为规避富含宏观层理、微观网状天然裂缝页岩储层中的井壁失稳提供了数据支撑。整合上述研究成果，PBORE-3D 等相关求解软件的出现和发展，进一步促进了对流体饱和化学活性孔隙—裂缝性页岩地层斜井段井壁稳定问题的认识，也极大地方便了现场应用（Nguyen 等，2007，2009a、b）。

针对钻井阶段的井筒完整性问题的研究，目前主要集中于套管—水泥环—地层组合体的密封有效性和持久性方面。Goodwin 等（1992）、Boukhelifa 等（2004）通过室内实验模拟分析了套管内压的变化对组合体密封完整性的影响规律，证实了套管内压变化可影响组合体的密封性能。研究发现：套管内压增加有利于保持套管—水泥环体系的密封完整性；但当套管内压大幅增大（50～70MPa）再显著泄压后（约 7MPa），组合体的密封性大幅下降。在理论研究方法方面，Fourmaintraux 等（1998）提出了系统响应曲线的方法，实现了对复杂的热学—化学—孔隙—力学耦合模型的分解，进而实现了有限元模拟分析。在此基础上，Saint-Marc 等（2008）综合考虑了水泥环初始应力的作用，建立了分析密封完整性的有限元模块（SealWell），为研究页岩油藏内钻井井壁问题提供了有效的借鉴和支撑。

第二节　页岩油压裂理论研究进展

一、页岩油体积压裂中的关键力学问题

体积压裂是实现页岩油气商业化开发的关键环节，实现储层天然裂缝的动态控制与连通是体积压裂的必要条件。页岩储层内富含随机分布的天然裂缝和弱层理面，导致水力裂缝的起裂和扩展规律更为复杂，裂缝形态难以预测。此外，页岩储层对水较为敏感，有必要开发新型压裂液体系。为研究确定页岩动态裂缝网络形成机制，探索新型压裂理论和技术，需要解决的关键力学问题主要有：

（1）建立能考虑页岩各向异性及页岩孔隙中流体压力变化对页岩基体变形影响的新型本构模型；

（2）建立考虑随机天然裂缝分布条件下页岩基体内水力裂缝起裂、扩展准则；

（3）研究确定水力压裂间距、初始地应力状态、水力裂缝与天然裂缝夹角、裂缝间摩擦力及工艺措施和施工参数对水力裂缝扩展路径的影响规律；

（4）研究页岩储层中三维裂缝的产生、扩展规律，揭示“井工厂”模式下裂缝网络的扩展与控制规律；

（5）建立页岩储层复杂缝网内支撑剂运移机制与长效导流能力评价模型；

（6）建立应力扰动与初始缝网条件下的页岩重复造缝理论；

（7）形成页岩储层无水压裂新理论，揭示无水压裂过程中压力传导机制与造缝机理；

（8）研发高性能无水压裂液体系，建立无水压裂页岩储层缝网改造的评价标准。

二、页岩油体积压裂问题的对策研究

1. 理论研究进展

页岩储层人工压裂以实现资源高效动用，提高最终采收率为目标。目前，调控人工裂缝的扩展形态及其波及面积，仍将是提高页岩油气藏的采收率和产量的主要技术手段。同时，人工裂缝的扩展理论是试井解释、生产模拟和压裂优化设计的基础，也是体积压裂技术的关键科学问题之一（姚军等，2013）。

人工水力裂缝的展布形态主要由压裂液流场能量分布及其流变性、原地应力、储层岩石力学性质和天然裂缝发育等因素控制（Taleghani 等，2009），涉及流体力学、岩石力学和断裂力学等多学科综合，包括储层岩石受力变形、窄缝内压裂液能量输运及裂缝起裂扩展等物理过程。

描述岩石受力变形过程的理论模型经历了近半个世纪的发展。从线弹性理论开始，经历了弹塑性理论阶段，目前多孔弹性理论得到了逐步的发展和应用。20 世纪 60 年代，Perkins 等（1961）将储层岩石假设为脆性、线弹性体，即利用线弹性理论预测水力作用下的裂缝宽度，研究发现：裂缝宽度主要由压裂液沿裂缝长度方向的流动压降决定；压

裂液黏度越高，排量越大则流动压降越大，最终得到较宽的裂缝。Geertsma 等（1969）将储层岩石假设为均质、各向同性的线弹性体，预测一定压力作用下的裂缝宽度和长度。基于脆性（线弹性）理论的假设设计的钻井液密度往往高于实际所需值，会给井壁稳定和储层保护带来负面影响。因此，从 20 世纪 90 年代开始，油气工程领域的科技工作者将弹塑性理论引入岩石受力变形的过程描述领域。Panos 等（1994）基于弹塑性假设和摩尔库仑准则及 DP 准则，建立了岩石破坏预测模型，用以指导井壁稳定领域的钻井液优化设计。Bradford 等（1994）建立了半解析的弹塑性模型，在考虑原地应力和孔隙压力的条件下，预测岩石损伤破坏程度。Bernet 等（2007）基于岩石弹塑性变形理论，并充分考虑了滤饼的影响，建立了岩石破坏预测模型，并在斜井中井壁稳定和压裂实践中得以应用。研究人员将多孔弹性理论引入岩石受力变形的过程描述中，以使数学模型更贴近实际情况，并增加了模型的精度。Rahman 等（2009）建立了有限元模型，采用 Warpiniski & Teufel 相交准则，考察多孔弹性体内人工水力裂缝与天然裂缝相交后的扩展情况，并分析了孔隙压力变化对裂缝扩展方位的影响，其中人工水力裂缝与天然裂缝相交区域的应力求解采用了多孔弹性理论方法。结果发现：逼近角较小的条件下，无论水平应力差的大小，水力裂缝与天然裂缝相交会使天然裂缝开启并扩展，即水力裂缝将不会贯穿天然裂缝；逼近角为 60° 或稍大时，水力裂缝是否可以贯穿天然裂缝取决于水平应力差的大小，应力差较小时天然裂缝将开启，而当应力差大于 600psi 时，水力裂缝将贯穿天然裂缝，因而天然裂缝不会张开；逼近角继续增大，则无论水平应力差的大小，诱导裂缝都将贯穿天然裂缝；孔隙压力的大小不会影响天然裂缝与水力裂缝的相互作用机制，但是会影响压裂液在裂缝内的压力（能量）输运速率；孔隙压力较大时，贯穿天然裂缝所需的流体压力也随之增大。Charoenwongsa 等（2010）通过耦合流动模型和岩石地质力学性质，建立了人工裂缝扩展预测模型。模型中将裂缝扩展过程视为应力波的传递，并考虑了流动传热的影响，分析了孔隙压力、岩石与流体间传热及应力波传递对储层岩石骨架结构的影响，并以此确定水力压裂诱发的剪应力是否可以打开天然裂缝。

在模拟窄缝内压裂液流动规律方面，研究人员主要是采用 Carter 滤失模型和 Reynolds 润滑理论。当人工诱导裂缝与天然裂缝相交后，压裂液在储层中的滤失得以加强，进而影响窄缝内的压力分布和裂缝展布。Rahman 等（2009）采用 Carter 滤失模型描述压裂液在两缝相交后的滤失情况，采用 Reynolds 润滑理论来模拟计算窄缝内的压力分布，在此基础上考察天然裂缝的存在对人工水力裂缝扩展的影响。上述模型中，多孔弹性模型描述岩石的受力变形，并基于 KGD 模型模拟分析了泵送时间对裂缝长度和宽度的影响。

在模拟分析水力裂缝起裂及扩展方面，具有代表性的是线弹性断裂力学理论和内聚区模型。由于页岩压裂裂缝多呈现出复杂裂隙网络的形态，因此传统的平面缝模型难以准确地预测页岩压裂裂缝的形态。Xu 等（2010）、Weng 等（2011）先后基于网络裂缝模型和基岩线弹性断裂力学理论，模拟分析了压裂诱导裂缝与天然裂缝相交后的起裂扩展情况。其中，耦合计算了多条裂缝的起裂及裂缝内部的多相流动规律。结果发现：应力各向异性、天然裂缝发育及界面间的摩阻可显著影响缝网系统的复杂程度。Chen 等（2009）、Carrier 等（2012）先后基于内聚区理论建立有限元模型模拟裂缝在多孔弹性体内的扩展。模型中，采用了润滑理论来模拟压裂液在窄缝内的流动，采用 Carter 模型模拟压裂液渗流，并将流动模型和裂缝扩展的力学模型进行耦合计算。模拟结果揭示了岩体渗透率、压裂液黏度等因素在不同区域对压力剖面的影响，并建议在裂缝尖端加密网格以使求解收敛并获得较高的计算精度。

在复杂裂缝的模拟表征方面，先后发展了线性网络模型、非常规裂缝网络模型、有限元裂缝网络模型和离散元裂缝网络模型。Xu 等（2010）提出以线性网络模型表示页岩气藏压裂产生的复杂裂缝，其中将裂缝网络假设为沿水平井筒对称的椭球体，并以均匀分布的垂向截面和横向截面来分割椭球体。采用半解析方法求解模型，模拟分析了岩体中裂缝实时扩展，考察了施工参数对压裂效果的影响规律，并分析了支撑剂在缝网中的运移情况。该模型的主要局限性在于：假设的裂缝形态过于理想，与实际裂缝形态有较大差距；未能给出人工诱导裂缝与天然裂缝相交后的扩展规则（2011）。Weng 等（2011）在考虑不规则裂缝形态的基础上，提出了非常规裂缝网络模型，通过数值求解，模拟分析了人工诱导裂缝与天然裂缝的相互作用，耦合计算了支撑剂、压裂液输运及岩石力学响应，并可通过微地震检测来修正模型。其主要局限性在于模型的计算精度较高地依赖于边界参数的输入。有限元模型具体包括边界单元法（1984）和扩展有限元模型（2009）两种实施方法。有限元模型又可细分为常规有限元（1984）和扩展有限元（2009）。常规有限元是把连续的岩体离散成有限个单元，并在每一个单元中设定有限个节点，从而将连续体看作仅在节点处相连接的一组单元的集合体，同时选定场函数的节点值作为基本未知量并在每一单元中假设一个近似插值函数以表示单元中场函数的分布规律，再建立用于求解节点未知量的有限元方程组，从而将一个连续域中的无限自由度问题转化为离散域中的有限自由度问题。在此基础上，扩展有限元方法的主要优势在于不需要对裂缝周围的网格进行加密，裂缝扩展后不需要重构网格，因而可大幅减少求解时间。有限元模型在求解人工诱导裂缝与天然裂缝扩展时，耦合计算了窄缝内压裂液能量输运及岩石力学响应，并可预测裂缝的长度和宽度。研究发现：天然裂缝的存在会增大压裂裂缝的复杂程度；并给出人工诱导裂缝与天然裂缝相交后的扩展准则及影响因素；人工诱导裂缝转向后裂缝变窄，容易导致砂堵。Pater 等（2005）将岩石骨架颗粒间的接触以线弹簧模型来表征，使用离散元模型耦合求解窄缝内流体流动和岩石力学响应，结合试验验证，研究发现：降低压裂液黏度或者提高压裂液泵入速率有利于在岩体内诱导产生新缝系，低泵入速率则更容易打开天然裂缝。

裂缝扩展理论研究以指导工程应用为目的，在现场资料实时支撑条件下，考虑天然裂缝对人工诱导裂缝的干扰，进一步优化裂缝扩展模型及求解策略，建立微观损伤机制与宏观断裂扩展的联系，仍将是该领域的研究重点。

2. 实验研究进展

在实验研究方面，大型水力压裂物理模拟实验有助于揭示复杂裂缝起裂机理，对于优化现场压裂工艺起到重要作用。1981 年，Biot 设计开展了水力压裂物理模拟实

验。国内的陈勉等于2000年也开展了小规模水力压裂物理模拟实验。在小型物理模拟实验中，被动声波检测技术是目前应用最广的裂缝扩展检测技术，应用效果较好。2012年，中国石油勘探开发研究院建立了大型水力压裂物理模拟系统，其中岩样可达762mm×762mm×914mm，最大加载应力可达69MPa，并可实时监测裂缝扩展动态，对于认识裂缝的扩展机理和过程起到极大的促进作用。

三、超临界二氧化碳在钻井、压裂中研究与应用进展

近几年，伴随着节水、环保的要求不断提高，无水压裂技术也取得了较大的进步。以超临界二氧化碳压裂技术为例，其主要优势包括：（1）井下二氧化碳黏度低于滑溜水黏度，并且在裂缝扩展瞬间二氧化碳因等焓输运（瞬时填充新缝隙）而诱发温度应力，二者综合作用有利于压出更为复杂有利的缝网系统；（2）二氧化碳与储层中的烃类互溶，无表面张力和“水锁效应”；（3）由于分子极性的存在，二氧化碳更易吸附于页岩孔缝表面，进而置换出吸附态的无分子极性的CH_4，有利于提高采收率；（4）压裂后部分二氧化碳可实现地质埋存，有利于节能减排（Sinal等，1987）。

鉴于二氧化碳在油气开发领域的独特优势，中国石油大学（北京）沈忠厚等（2010）提出了超临界二氧化碳钻完井技术，以期促进非常规油气资源的高效开发，进而引领了国内相关领域的研究热潮。

王在明（2008）采用数值模拟计算与室内实验相结合的方法研究了连续管钻井时超临界二氧化碳钻井液的流动特性；研制了超临界二氧化碳钻井液循环模拟装置，揭示了井斜角、排量、流体温度和压力等工程因素对携岩效果的影响规律。研究发现：井斜角为54°～72°时携岩最为困难。

沈忠厚等（2011）、霍洪俊等（2014）、宋维强等（2015）先后采用数值模拟的方法，考察了水平井段内超临界二氧化碳的携固相运移能力。分析了排量、环空偏心度、流体温度、流体压力等工程因素对多相流动规律的影响。建议研发二氧化碳增黏剂以改善二氧化碳携固相运移能力。

岳伟民（2011）结合钻完井工况和超临界流体特性，研制了国内首套超临界二氧化碳钻完井模拟实验系统。黄志远（2011）模拟分析了超临界二氧化碳射流在井筒中的流场特性，杜玉昆等（2012，2013）考察了超临界二氧化碳射流对岩石强度的影响，设计并开展了超临界二氧化碳直射流和旋转射流破岩实验，阐明了其破岩机理。研究发现：井筒内二氧化碳的密度和黏度随井深增大而减小，井底处二氧化碳的密度仍足以驱动井下钻具破岩；超临界二氧化碳射流及浸泡作用下，岩石强度降低32.2%（水泥石），渗透率增大9.96%（射流10s，致密砂岩）；超临界二氧化碳射流破岩深度是水射流的1.65～7.85倍，岩石呈体积破碎形态。

王海柱等（2012）、王瑞和等（2013）、王志远等（2015）、倪红坚等（2016）通过分析二氧化碳井筒流动涉及的传热过程，先后建立了二氧化碳井筒流动与传热耦合计算模型，考察了流场内温度、压力和流体相态的分布规律，为认识井筒内压力传递机制，

规避井下复杂提供了有效支撑。

程宇雄等（2013）将喷射压裂孔内增压工程原型简化为二维模型，采用数值模拟的方法考察了喷嘴压降、环空压力等因素对增压效果的影响规律，分析了孔道内流场特性，研究证实：超临界二氧化碳射流增压效果优于水射流，增大喷嘴压降或者喷嘴直径有利于改善增压效果。

孙宝江等（2013）研制了模拟实验装置用以评价页岩中二氧化碳的吸附解吸性能。通过考察温度和压力条件对实验结果的影响规律，发现页岩内二氧化碳的等温吸附曲线与Ⅰ型等温曲线较为相符，适合以 Langmuir 模型对吸附解吸数据进行拟合。增大环境压力或者降低温度有利于增大二氧化碳在页岩中的吸附量；页岩中有机质含量越高，石英含量越低，越有利于增大二氧化碳吸附量。

侯磊等（2015）在透明实验装置内，利用高速摄影仪记录砂砾（直径 0.211～0.85mm）在超临界二氧化碳中的沉降过程。在温度为 31.5～41.0℃、压力为 7.37～13.50MPa 的范围内，利用无量纲分析和拟合的方法修正了砂砾雷诺数和阿基米德数间的幂律函数关系，并在考虑流体黏度的基础上，建立了砂砾沉降终速的显式计算方法，为工程应用提供了便利。该方法的使用范围是雷诺数介于 1000～5000 之间。

重庆大学姜永东等（2016）设计开展了超临界二氧化碳浸泡页岩实验，考察了浸泡时间、浸泡温度和浸泡压力对页岩孔隙结构的影响。研究发现，超临界二氧化碳可以萃取页岩体中的有机质，进而改变页岩的微观孔隙结构和渗透性，影响其宏观力学性质。周军平等（2016）、卢义玉等（2017）先后开展了超临界二氧化碳压裂页岩的物理模拟实验，其中分别采用了 200mm×200mm×200mm 的立方体岩心和直径为 100mm、长为 2000mm 的圆柱体岩心。实验过程中采用声发射装置检测裂缝的扩展过程，采用 CT 扫描获取裂缝形态。研究发现：超临界二氧化碳压裂可使页岩起裂压力大幅降低 50% 以上，且有利于产生更为复杂的裂缝形态，大幅增加了压裂沟通面积，证实了超临界二氧化碳压裂非常适用于页岩储层。

中国石油勘探开发研究院廊坊分院研究了二氧化碳泡沫压裂技术（2004），以期改善低渗透率、低压气藏压裂液上返效果。采用室内实验测试分析的方法，考察了二氧化碳泡沫压裂液在井筒中的流变性，在此基础上开展了现场试验应用，结果证实二氧化碳泡沫压裂液能够自喷，实现快速上返，并能减少水基压裂液对储层的伤害，取得了更好的压裂效果。在 19 口应用井中，平均单井加砂量 27.44m^3，最大加砂量 40m^3；平均施工排量 3m^3/min，最大可达 4m^3/min；泡沫体积分数 0.373～0.587，平均砂比 24.1%。压裂后 14 口井的产量达到工业气流。但相较于常规水力压裂，采用二氧化碳泡沫压裂，每口井要增加 30 万～40 万元成本，后续未能见到更多有关该技术推广应用的报道。刘合等（2014）总结了国内外二氧化碳干法压裂技术的应用现状，认为该技术的主要优势在于：上返效率高，不伤害储层，增产效果好。现场应用中反馈的问题主要有：悬砂能力差，滤失量大，不利于压裂造缝；二氧化碳井筒流动中会发生相变，目前尚缺乏有效的井筒控制理论；在压裂设备方面，主要是密闭混砂车尚不能有

效工作；此外，还缺乏有效的施工参数计算方法；超临界二氧化碳压裂将是二氧化碳干法压裂技术的发展方向。

参考文献

陈勉，庞飞，金衍. 2000. 大尺寸真三轴水力压裂模拟与分析［J］. 岩石力学与工程学报，19（增）：868–872.

程宇雄，李根生，王海柱，等 . 2013. 超临界 CO_2 喷射压裂孔内增压机理［J］. 石油学报，34（3）：550–555.

杜玉昆，王瑞和，倪红坚，等 . 2012. 超临界二氧化碳射流破岩试验［J］. 中国石油大学学报：自然科学版，36（4）：93–96.

杜玉昆，王瑞和，倪红坚，等 . 2013. 超临界二氧化碳旋转射流破岩试验研究［J］. 应用基础与工程科学学报，21（6）：1078–1085.

黄志远 . 2011. 超临界二氧化碳射流结构特性研究［D］. 青岛：中国石油大学（华东）.

霍洪俊，王瑞和，倪红坚，等 . 2014. 超临界二氧化碳在水平井钻井中的携岩规律研究［J］. 石油钻探技术，42（2）：12–17.

刘合，王峰，张劲，等 . 2014. 二氧化碳干法压裂技术——应用现状与发展趋势［J］. 石油勘探与开发，41（4）：466–472.

沈忠厚，王海柱，李根生 . 2011. 超临界 CO_2 钻井水平井段携岩能力数值模拟［J］. 石油勘探与开发，38（2）：233–236.

宋维强，王瑞和，倪红坚，等 . 2015. 水平井段超临界 CO_2 携岩数值模拟［J］. 中国石油大学学报（自然科学版），39（2）：63–68.

孙宝江，张彦龙，杜庆杰，等 . 2013. CO_2 在页岩中的吸附解吸性能评价［J］. 中国石油大学学报（自然科学版），37（5）：95–99.

田平，薛建国，蒋建宁，等 .2015. 河南油田泌页 HF1 水平井钻井技术［J］. 石油地质与工程，26（3）：88–93.

王瑞和，倪红坚，沈忠厚 . 2010. 二氧化碳在非常规油气藏开发中的应用［C］. 钻井基础理论研究与前沿技术开发新进展学术研讨会 .

王瑞和，倪红坚 . 2013. 二氧化碳连续管井筒流动传热规律研究［J］. 中国石油大学学报（自然科学版），37（5）：65–70.

王在明 . 2008. 超临界二氧化碳钻井液特性研究［D］. 青岛：中国石油大学 .

王振铎，王晓泉，卢拥军 . 2004. 二氧化碳泡沫压裂技术在低渗透低压气藏中的应用［J］. 石油学报，25（3）：66–70.

姚军，孙海，黄朝琴，等 . 2013. 页岩气藏开发中的关键力学问题［J］. 中国科学：物理学力学天文学，（12）：1527–1547.

岳伟民 . 2011. 超临界二氧化碳射流破岩试验装置的研制［D］. 青岛：中国石油大学（华东）.

张士诚，牟松茹，崔勇 . 2011. 页岩气压裂数值模型分析［J］. 天然气工业，31（12）：81–84.

庄茁，柳占立，王永亮，2015. 页岩油气高效开发中的基础理论与关键力学问题［J］. 力学季刊，36（1）：11–22.

Aadnoy B S，Kaarstad E，Belayneh M. 2007.Elastoplastic fracture model improves predictions in deviated wells［C］. SPE 110355.

Abousleiman Y N，Nguyen V X. 2005.PoroMechanics response of inclined wellbore geometry in fractured porous media［J］. Journal of Engineering Mechanics，131（11）：1170–1183.

Biot M A，Medlin W I，Masse L. 1981. Laboratory experiment in fracture propagation［J］. SPE 10377，162–169.

Biot M A. 1955.Theory of elasticity and consolidation for a porous anisotropic solid［J］. Journal of Applied Physics，26（2）：182–185.

Boukhelifa L，Moroni N，James S G，et al. 2004.Evaluation of cement systems for oil and gas well zonal isolation in a full–scale annular geometry［C］// IADC/SPE Drilling Conference，Society of Petroleum Engineers.

Bouteca M J，Bary D，Fourmaintraux D. 1998.Does the seasoning procedure lead to intrinsic properties？［C］//Eurock 98，Symposium.

Bradford I D R，Cook J M. 1994.A semi–analytic elastoplastic model for wellbore stability with applications to sanding［C］. SPE 28070.

Carrier B，Granet S. 2012. Numerical modeling of hydraulic fracture problem in permeable medium using cohesive zone model［J］. Engineering Fracture Mechanics，79（8）：312–328.

Carroll M M. 1979.An effective stress law for anisotropic elastic deformation［J］. Journal of Geophysical Research，84：7510–7512.

Charoenwongsa S，Kazemi H，Miskimins J，et al. 2010.A fully–coupled geomechanics and flow model for hydraulic fracturing and reservoir engineering applications［C］. SPE 137497.

Chen H Y，Teufel L W. 1997.Coupling fluid–flow and geomechanics in dual–porosity modeling of naturally fractured reservoirs［C］// SPE annual technical conference，419–433.

Chen Z，Bunger A P，Zhang X，et al. 2009. Cohesive zone finite element–based modeling of hydraulic fractures［J］. Acta Mechanica Solida Sinica，22（5）：443–452.

Chenevert M E. 1969.Adsorptive pore pressure of argillaceous rocks［C］// Eleventh Symposium on Rock Mechanics，The University of California，Berkeley，California，599–627.

Darley H C H. 1976. Advantages of polymer Muds［J］. International Journal of Petroleum Engineering，46–52.

Geertsma J，Klerk F D. 1969.A rapid method of predicting width and extent of hydraulically induced fractures［J］. Journal of Petroleum Technology，21（12）：1571–1581.

Ghassemi A，Diek A. 2002.Linear chemo–poroelasticity for swelling shales：theory and application［J］. Journal of Petroleum Science and Engineering，38（3）：199–212.

Ghassemi A，Diek A. 2003.A chemo–poro–thermoelastic model for swelling shales［J］. International

Journal of Petroleum Science and Engineering, 34: 123–135.

Ghassemi A, Tao Q, Diek A. 2009.Influence of coupled chemo–poro–thermoelastic processes on pore pressure and stress distributions around a wellbore in swelling shale [J]. Journal of Petroleum Science and Engineering, 67 (1): 57–64.

Goodwin K J, Crook R J. 1992.Cement sheath stress failure [J]. SPE Drilling Engineering, 7 (4): 291–296.

Gray G R, Darley H H.1980. Composition and properties of oil well drilling fluids [M]. Gulf Publishing Co., Houston.

Hou L, Sun B, Wang Z, et al. 2015.Experimental study of particle settling in supercritical carbon dioxide [J]. J. of Supercritical Fluids, 100: 121–128.

Jiang Y, Luo Y, Lu Y, et al.2016. Effects of supercritical CO_2, treatment time, pressure, and temperature on microstructure of shale [J]. Energy, 97: 173–181.

Lam K Y, Cleary M P. 1984. Slippage and re–initiation of (hydraulic) fractures at frictional interfaces [J]. International Journal for Numerical & Analytical Methods in Geomechanics, 8 (6): 589–604.

Lecampion B. 2009. An extended finite element method for hydraulic fracture problems [J]. Communications in Numerical Methods in Engineering, 25 (2): 121–133.

Lomba R F T, Chenevert M E, Sharma M M. 2000.The ion–selective membrane behavior of native shales [J]. Journal of Petroleum Science and Engineering, 25 (1): 9–23.

Lubinski A. 1954.The theory of elasticity for porous bodies displaying a strong pore structure [C] // Proceedings of the 2nd US National Congress of Applied Mechanics, 247–256.

Middleton R S, Carey J W, Currier R P, et al. 2015.Shale gas and non–aqueous fracturing fluids: Opportunities and challenges for supercritical CO_2 [J]. Applied Energy, 147 (3): 500–509.

Nguyen V X, Abousleiman Y N, Hemphill T. 2009b.Geomechanical coupled poromechanics solutions while drilling in naturally fractured shale formations with field case applications [C] // SPE Annual Technical Conference and Exhibition, Society of Petroleum Engineers.

Nguyen V X, Abousleiman Y N, Hoang S. 2007.Analyses of wellbore instability in drilling through chemically active fractured rock formations: NahrUmr Shale [C] // SPE Middle East Oil and Gas Show and Conference, Society of Petroleum Engineers.

Nguyen V X, Abousleiman Y N. 2009c. Naturally fractured reservoir three–dimensional analytical modeling: theory and case study [C] // SPE Annual Technical Conference and Exhibition, Society of Petroleum Engineers.

Nguyen V X, Abousleiman Y N. 2009a.Poromechanics response of inclined wellbore geometry in chemically active fractured porous media [J]. Journal of Engineering Mechanics, 135 (11): 1281–1294.

Nguyen V X, Abousleiman Y N. 2010.Real–time wellbore–drilling instability in naturally fractured rock Formations with field applications [C] // IADC/SPE Asia Pacific Drilling Technology Conference and Exhibition, Society of Petroleum Engineers.

Ni II J, Song W Q, Wang R H, et al. 2016.Coupling model for carbon dioxide wellbore flow and heat transfer in coiled tubing drilling [J]. Journal of Natural Gas Science and Engineering, 30: 414–420.

Panos P, Marc T, John C. et al. 1994.Behavior and stability analysis of a wellbore embedded in an elastoplastic medium [C]. SPE ARMA–1994–0209.

Pater D, Beugelsdijk L J L. 2005. Experiments and numerical simulation of hydraulic fracturing in naturally fractured rock [C]. SPE ARMA–05–780.

Perkins T K, Kern L R. 1961.Widths of hydraulic fractures [J]. J Petroleum Tech, 13 (9): 937–949.

Rahman M M, Aghighi M A, Shaik A R. 2009.Numerical modeling of fully coupled hydraulic fracture propagation in naturally fractured poro–elastic reservoir [C]. SPE 121903.

Rahman M, Aghighi M, Rahman S, et al. 2009.Interaction between induced hydraulic fracture and pre–existing natural fracture in a poro–elastic environment: effect of pore pressure change and the orientation of natural fractures [C]. SPE 12257.

Rice J R, Cleary M P. 1976. Some basic stress diffusion solutions for fluid–saturated elastic porous media with compressible constituents [J]. Reviews of Geophysics, 14 (2): 227–241.

Saint–marc J, Garnier A, Bois A P. 2008.Initial state of stress: the key to achieving long–term cement–sheath integrity [C] // SPE Annual Technical Conference and Exhibition, Society of Petroleum Engineers.

Sinal M L, Lancaster G. 1987.Liquid CO_2 fracturing: advantages and limitations [J]. Journal of Canadian Petroleum Technology, 26 (5): 26–30.

Taleghani D. 2009.Arash. Analysis of hydraulic fracture propagation in fractured reservoirs: An improved model for the interaction between induced and natural fractures [J]. Plos One, 5 (12): 58.

Wang H, Shen Z, Li G. 2012.A wellbore flow model of coiled tubing drilling with supercritical carbon dioxide [J]. Energy Sources Part A Recovery Utilization & Environmental Effects, 34 (14): 1347–1362.

Wang Z Y, Sun B J, Sun X H, et al. 2015.Phase state variations for supercritical carbon dioxide drilling [J]. Greenhouse Gases Science & Technology, 6 (1): 83–93.

Weng X, Kresse O, Cohen C, et al. 2011. Modeling of hydraulic fracture network propagation in a naturally fractured formation [J]. SPE Production & Operations, 26 (4).

Xu W, Thiercelin M J, Ganguly U, et al. 2010.Wiremesh: a novel shale fracturing simulator [C]. SPE 132218.

Yew C H, Liu G. 1992.Pore fluid and wellbore stabilities [C] // International Meeting on Petroleum Engineering, Society of Petroleum Engineers.

Zhang X, Lu Y, Tang J, et al. 2017.Experimental study on fracture initiation and propagation in shale using supercritical carbon dioxide fracturing [J]. Fuel 190, 370–378.

Zhou J, Hu N, Jiang Y, et al. 2016.Supercritical carbon dioxide fracturing in shale and the coupled effects on the permeability of fractured shale: An experimental study [J]. Journal of Natural Gas Science & Engineering, 36: 369–377.

第二章

页岩油钻井技术

钻井是页岩油勘探与开发的重要环节和手段，从寻找含油构造开始，到最后将原油开采至地面都需通过钻井来完成。页岩油钻井工程就是通过安全且高效地破碎井底岩石、取出破碎岩屑、保持井壁稳定、防止壁面储层伤害等系列工艺技术，建立一条开采页岩油的永久性通道的应用技术。它主要包括钻前准备、钻进、固井和完井等工艺流程，涉及地质学、岩石力学、机械工程、遥测遥控等多学科与技术交叉，是一项涉及多工种且技术复杂的地下基建工程。由于页岩油藏特殊的赋存状态，页岩油钻井技术有其特殊性。

第一节　页岩油钻井工艺原理与方法

页岩气资源的开发略早于页岩油，其工程实践为页岩油钻井提供了诸多有益借鉴。当前，大位移水平井钻井技术是国内外开发页岩油的主流技术，其中水平段长度大多超过 1000m，整体上施工难度较大。认识页岩油水平井钻井工艺特点是制定合理的工艺流程的重要前提。

一、水平井钻井技术简介

水平井在国内外并没有统一的定义，中国石油天然气集团有限公司规定，井斜角在 86° 以上，并在产层内延伸一定长度的井定义为水平井。研究表明，水平段在产层内的延伸长度大于产层厚度的六倍时，钻水平井才能获得经济效益。

按照中国“八五”“九五”期间国家攻关项目的研究成果，根据从垂直井段向水平井段转弯时的转弯半径（曲率半径）的大小将水平井分为五类（表 2–1）。

表 2–1　水平井的分类及标准

类别	造斜率（°/30m）	井眼曲率半径（m）	水平段长度（m）
长半径	2～6	860～280	300～1700
中半径	6～20	280～85	200～1000
中短半径	20～80	85～20	200～500
短半径	30～150	60～10	100～300
超短半径	特殊转向器	0.3	30～60

长半径水平井通常用常规定向钻井的设备、工具和方法钻成，固井、完井也与常规定向井相同，但难度有所增加。其主要缺点是摩阻扭矩增大、起下管柱难度大，虽然可以通过采用旋转导向钻井系统来控制井眼轨迹并提高钻速，但该类水平井的数量将越来越少。

中半径水平井在增斜段需用到弯外壳井下动力钻具进行增斜，必要时可以使用旋转导向钻井系统控制井眼轨迹。固井、完井方式与常规定向井相同。中半径水平井摩阻力较小，因此其在新钻水平井中的应用将越来越多。

中短半径水平井和短半径水平井主要用于老井侧钻、死井“复活”及提高采收率，在新井中应用较少。这两类水平井通常需要使用特殊的造斜工具，如柔性旋转钻井系统或井下马达钻井系统。此类井眼完井较为困难，只能裸眼完井或下割缝筛管完井。由于中靶精度高、增产效益好，这两类水平井有较广阔的应用前景。

超短半径水平井也称径向水平井，主要用于老井“复活”。通过井下转向器，可在特定井深处水平辐射地钻出多个水平井眼（4～12 个）。这种井增产效果显著，且地面设备简单、钻速快，发展前景广阔，尤其适用于以前不具备经济价值的页岩油产层。该方法需要特殊的井下工具，主要采用裸眼完井。

二、水平井钻井开发页岩油藏的优势与效益

页岩油藏是典型的低孔隙度、低渗透率的非常规油藏，单井产量低，常规直井开发难以获得经济产能。采用水平井钻井开发页岩油藏的优势主要表现在以下方面：

（1）增大泄流面积，提高产能。水平井眼可连通更大面积的产层，有利于提高单井产能。据统计，水平井的单井产能平均是直井的六倍，有的甚至高达几十倍。

（2）重力辅助原油向井筒渗流，有利于提高最终采收率。尤其适用于产层厚度小于 10m 的低压、低渗透率页岩油藏。

（3）水平井可以使原本不具开采价值的页岩油产层“复活”。许多具有气顶或底水的页岩油藏，一开始可能不具备开发价值而直接封固或者经过一段时间开采后不再出油。在老井中用侧钻水平井钻至死油区，可使这批死井“复活”，重新出油。

（4）占地面积小，单井产量高，投资回收快，经济效益好。单个水平井的成本比直井高，但是在一个相对广阔的区域利用水平井开发页岩油，可以减少钻井数量、钻前工程、钻完井材料消耗，节约占地面积等，综合成本降低，产量高，有利于原本不具备开发价值的页岩油藏获得生命力。

第二节 页岩油钻井工艺流程及技术难点

在充分认识页岩油藏赋存特征的基础上，依照科学合理的钻井工艺流程，实现对页岩油钻井技术难题的突破，是形成页岩油水平井优快钻井技术的必由之路。

一、页岩油钻井工艺流程

钻井施工一般按照图 2-1 所示的流程进行。

1. 钻前准备

1）钻井设计前的资料准备和地层评价

尽可能多地掌握施工区的地质资料是做好页岩油钻井设计的重要保障。地质资料主要通过以往的地质勘探、科研报告及邻井钻井资料来获取，主要包括地层、页岩产层、构造及水文地质条件等。具体要准备的资料如下：

（1）地层的深度、压力和水文地质条件；

（2）页岩产层的地质条件，如孔隙度、渗透率、含油饱和度、孔隙压力、产层厚度等；

（3）邻井测井资料，如自然伽马、自然电位和补偿密度等；

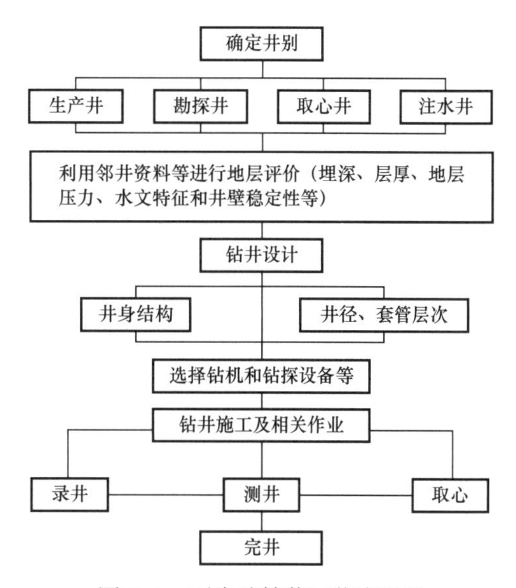

图 2-1　页岩油钻井工艺流程图

（4）邻井钻遇的典型问题，如井涌、井漏、井壁失稳、卡钻和钻具事故等。

2）钻井设计

钻井设计主要包括钻井地质设计、钻井工程设计、钻井施工进度设计和钻井成本预算设计四个方面，钻井设计应遵循以下基本原则：

（1）钻井地质设计要明确提出设计依据、钻探目的、设计井深、目的层、完钻层位及原则、完井方法、取资料要求、井身质量、产层套管尺寸及强度要求、阻流环位置及固井水泥浆上返高度等。

（2）钻井地质设计要为钻井工程设计提供邻区、邻井资料，预测地层水、岩石物性和油气显示，还要预测地层剖面、地层倾角及进行复杂工况提示等。

（3）钻井工程设计必须以钻井地质设计为依据。钻井工程设计应有利于取全、取准各项地质工程资料；保护产层，降低对产层的伤害；保证井身质量符合钻井地质设计要求；为后期作业提供良好的井筒条件。

（4）钻井工程设计应根据钻井地质设计的钻井深度和施工中的最大载荷来合理选择钻机，所选钻机不得超过其最大负荷能力的 80%。

（5）钻井工程设计要根据钻井地质设计提供的邻井、邻区试油压力资料设计钻井液密度、水泥浆密度和套管层次。

（6）钻井设计必须提出安全措施和环保要求。

钻井工程设计主要包括井径选择、井身结构设计等方面。

（1）井径选择。

确定井径是钻井工程设计的第一步，一般采取由内向外的原则设计井径。首先根据页岩油藏的产量选定人工举升方式，确定合适的油管尺寸及有效的完井方法，同时还要考虑储层压裂改造措施、钻井携岩、修井与再完井的要求，确定出最优生产套管尺寸，进而确定生产井径；再选择最优表层套管尺寸，进而确定地表井段井径。

合理设计井径和套管尺寸可避免该井在服务年限内的许多操作问题。井径设计的步骤和依据如图 2–2 所示。

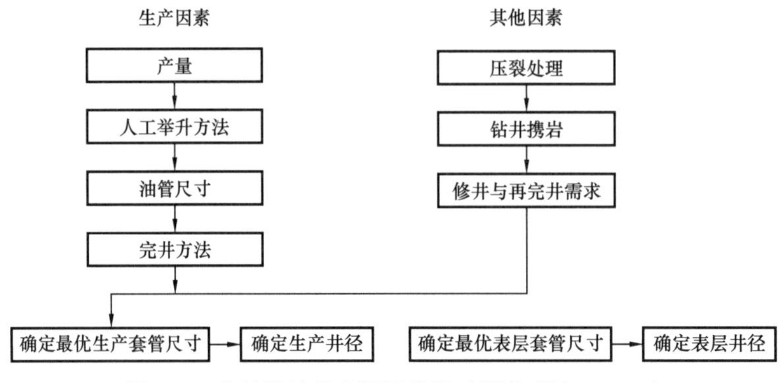

图 2–2　井径设计的步骤及依据（据苏现波，2001）

（2）井身结构设计。

井身结构指一口井下入套管的层次、尺寸、深度，各层套管对应的钻头尺寸及各层套管的水泥浆返高等。

页岩油藏水平井一般采用三开结构井，井中下入的套管可分为表层套管、技术套管和生产套管三种类型。

① 表层套管：用于封隔上部松软的易塌、易漏地层，安装井口，控制井喷，支撑技术套管和生产套管。

② 技术套管：用于封隔钻井液难以控制的复杂地层，避免井下复杂工况，保证顺利钻井。

③ 生产套管：用于将产层及不同压力的产层分隔开，形成油流通道，保证生产，满足开采和储层压裂的要求。

井身结构包括以下数据：地面海拔和补心海拔（钻井平台转盘方补心的海拔）、钻井日期（开钻和完钻日期）、产油层段、钻头程序、套管程序、完钻井深及射孔完成井的水泥塞深度、水泥浆返高及试压情况、油管规格及下入深度、完井方式等。

井身结构设计需遵循以下原则：一是能有效保护产层，降低钻井液对不同压力梯度产层的伤害；二是有效避免钻井液过分漏失、井涌、井喷、井壁坍塌和卡钻等复杂工况的发生，为安全高效钻进提供有利条件；此外，井身结构还需考虑完井方式的需求。

2. 钻进

页岩油藏属于典型的低孔隙度、低渗透率非常规油藏，泥页岩含量高，储层易受伤害，因此页岩油钻井必须注意井壁稳定性和储层保护。长水平段钻进时，钻机负载增大，井下复杂工况发生的概率升高，推荐使用顶驱以更利于实现安全高效钻井。

1）导眼钻井

表层多为大段泥岩，偶有硬石块。导眼钻井的难点主要在于：（1）钻压无法加大，制约机械钻速；（2）钻遇硬石块时易发生跳钻，造成导眼打斜，影响导管下入。

导眼钻井时可在顶驱下方接入开式下击器以控制井斜，也可接入液力推进器等工具，以增大钻压、提高钻速。

2）一开钻井

一开直井段可能发生漏失、钻遇浅层气等风险，局部地区可能有明显的地层出水；在高陡构造地区，易发生井斜，影响后续开次的井眼轨迹控制；含有砾石的浅表层可钻性较差，会对聚晶金刚石复合片（PDC）钻头寿命产生不利影响。

一开钻井可根据实际地层情况，从空气或泡沫 + 牙轮钻头、清水 + 牙轮钻头、钻井液 + 牙轮钻头或者钻井液 +PDC 钻头等钻井方式中优选。

3）二开钻井

页岩油藏水平井钻井中的二开包含直井段和定向造斜段。二开井段长，钻遇地层多，地质条件相差大，造斜段定向工作量较大。

直井段如若地层条件相近，可采用 PDC 钻头 + 螺杆符合钻井的方式以获得较高的机械钻速；如含有软硬交错地层或砾石层，可采用清水 + 牙轮钻头或者钻井液 + 牙轮钻头的钻井方式以减少起下钻换钻头次数，有利于获得更高的钻井时效。

定向造斜井段可采用螺杆定向钻井或者旋转导向钻井方式，前者通常需要多次起下钻换钻头和螺杆方能完成定向专业，且机械钻速相对较低；旋转导向钻井可显著提高机械钻速和钻井时效，但工具使用成本较高。

4）三开钻井

页岩油藏三开水平井钻井井段长，摩阻扭矩较大，携岩困难是其面临的主要难题。可根据需要选用常规复合钻井或者旋转导向钻井。还需注意对钻井液性能和循环参数的调控，以减小储层伤害，及时清除岩屑。

3. 固井

固井施工应在满足固井质量要求的同时，尽量减少对产层的伤害。页岩油长水平井钻井及后续多段压裂工艺对套管下入和注水泥固井都提出了新的挑战。

1）页岩油藏低伤害固井技术

页岩油倾斜井段地层孔隙压力在较长的井段内变化较小，储层容易受到外来流体的伤害。因此，应在保证固井质量的前提下，尽量控制水泥浆液柱压力，实现近平衡压力以降低固井作业对产层的伤害。目前较为成熟的低伤害固井技术包括以下两类：

（1）低密度水泥浆固井技术。

低密度水泥浆（约 1.34g/m^3）的密度低于常规油气井水泥浆密度（约 1.85g/m^3）。技术核心在于水泥浆降重材料的选择和水泥浆配方的设计。按照密度和材料的不同可分为加固体降重材料水泥浆（空心微珠水泥浆和粉煤灰水泥浆）、泡沫水泥浆和充气水泥浆，其性能对比见表 2–2。

表 2-2 不同降重材料对水泥浆性能的影响

降重材料类型	性能特点
固体	水泥石强度高，施工工艺简单、成本低；密度降低幅度较小
发泡剂或空气	水泥石强度低，施工工艺复杂、成本高；密度降低幅度较大

（2）分级注水泥固井技术。

分级注水泥固井是将固井水泥浆产生的液柱压力部分分解到已凝固的水泥上，从而降低对产层的伤害，实现近平衡压力固井。

2）水泥浆的性能需求

（1）水泥浆除应对产层伤害较小外，还要求低温、快凝、低失水量、防滤失、浆体稳定性好和稠度适宜。

（2）水泥浆具有微膨胀性有利于控制井下气液的侵入，进而有利于提高固井质量。

（3）水泥浆应具有良好的流变性能和沉降稳定性，以保障良好的顶替效率。尤其是页岩油藏三开采用油基钻井液时，水泥浆应与油基钻井液具有良好的配伍性，既能有效清除残留的油基钻井液，又能保证界面胶结强度。

（4）形成的水泥环应具有一定的弹韧性。页岩油藏后续射孔和多段压裂过程中，水泥环受到较大的内压力和冲击力，为避免固井失效，水泥环除应具有必要强度外，还应具备良好的抗冲击能力和耐久性。

3）固井基本流程

固井的基本流程如图 2-3 所示。

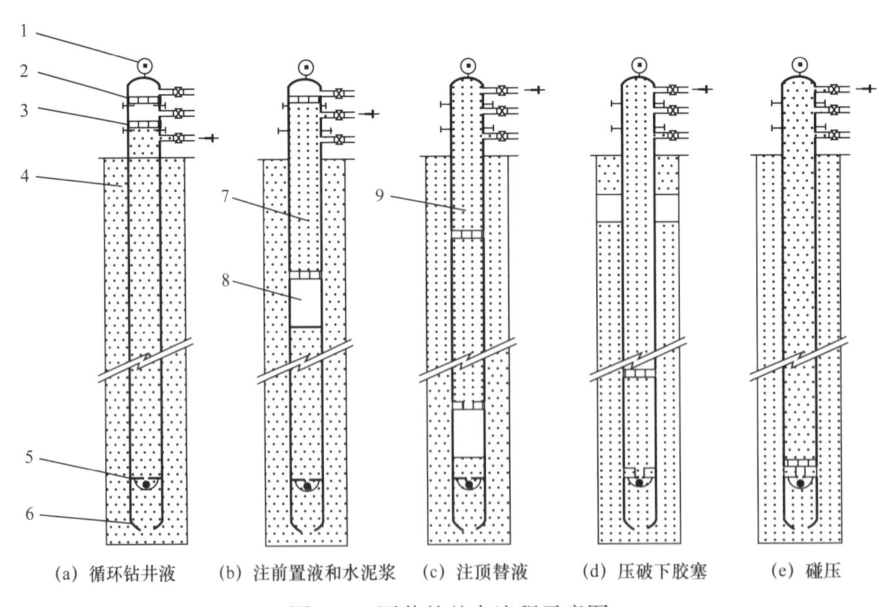

图 2-3 固井的基本流程示意图

1—压力表；2—上胶塞；3—下胶塞；4，9—钻井液；5—浮箍；6—引鞋；7—水泥浆；8—隔离液

（1）钻达设计井深后电测，电测完毕后通井，然后下套管。二开倾斜井段和三开水平段应注意合理使用扶正器，保证套管居中以满足固井质量要求。

（2）下完套管后循环钻井液，清洗井眼，一般要求循环两个周期。

（3）连接地面固井设备。

（4）注清洗液和隔离液，尤其是当使用油基钻井液时，应注意提高清洗效率，降低残留的油基钻井液对固井质量的不利影响。

（5）压入下胶塞注水泥浆，下胶塞到达浮箍后其薄膜将被压破。

（6）注入压塞液，压入上胶塞。

（7）泵入顶替液（通常使用钻井液），将上胶塞顶替至浮箍，碰压后立即关泵。

（8）关井候凝。

4. 完井

页岩油井完井是指建立井筒与产层的连通方式，以及为实现特定连通方式所采用的井身结构、井口装置和有关的技术措施。完井施工的主要技术要求或技术目的在于：

（1）有效连通井筒和产层，页岩油井可采用裸眼完井、套管射孔完井或割缝衬管完井。

（2）有效封堵出水层和不同压力体系的产层，防止水淹产层及产层与水层的窜通，有利于增产措施和采油作业。

（3）降低钻井造成的伤害，提高产气量。钻井过程可能伤害近井地带，使油流进入井筒受阻；可通过完井措施消除或者绕过受伤害的地带。

（4）防止井壁坍塌、出砂等，保障页岩油藏长期稳产。

（5）可以实施排水降压、多段压裂、修井等特殊作业。

（6）控制成本，完井作业应简便易行，成本低，效益高。

二、页岩油钻井技术难点

归纳总结页岩油钻井技术难点对于发展页岩油钻井配套技术，指导后续工程实践具有重要意义。当前，页岩油资源的开发尚处于起步阶段，相关报告较为缺乏。中国石化在河南油田泌阳凹陷建立了页岩油先导试验区（仝继昌等，2012），以此为例，概述长水平段钻井施工中遇到的技术难点。

（1）定向造斜段黏土矿物含量高，易造浆导致钻井液性能不稳定，引起钻头“泥包”、井壁易垮塌，且随着井斜角的增大，坍塌压力进一步增大，井壁易失稳。页岩储层中，脆性矿物含量高，易破碎掉块；黏土矿物中伊利石含量高，易水化膨胀；易发生井径扩大和井壁坍塌。

（2）页岩层水平段可长达1500m，常规螺杆钻进时，摩阻扭矩较大，井眼轨迹控制难度高，机械钻速低，井眼质量差。长水平井段在水基钻井液浸泡下，安全风险高。

（3）页岩储层是典型的低孔隙度、低渗透率目的层，后期需进行多级分段压裂才能获得经济产能，这对固井质量的要求很高。除需满足生产井段胶结良好的条件外，水泥石还需具有较强的抗冲击能力和柔韧性，而三开水平段多采用油基钻井液，管壁和井壁的油基界面对固井顶替效率、水泥石强度及二界面胶结强度带了不利影响。

（4）缺乏页岩油藏钻井资料，地层预测常有误差，需在施工中根据实钻测试不断调整目的层深度，地层的不确定性及薄储层导致井眼轨迹控制难度大。

（5）长水平段钻井需注意及时清理井底岩屑，而提高泵排量后钻具和螺杆等工具的循环压耗增大，井下工具长时间在极限工况下工作，安全隐患较大。

（6）产层中油基钻井液的使用对随钻录井和产油层位的发现都有不利影响。

第三节　页岩油水平井优快钻井技术发展及应用现状

针对页岩油钻井实践中遇到的技术难题，国内开展了相应的技术攻关，初步形成了页岩储层水平井钻井设计技术、轨迹控制技术、油基钻井液技术（第三章展开介绍）、长水平段水平井固井技术及页岩油水平井钻完井配套技术（第四章展开介绍），为实现页岩油强化开发提供了有力的技术支撑。

一、井身结构与剖面优化设计技术

1. 页岩油水平井井身结构设计

1）井身结构优化设计依据

井身结构设计的主要依据是井下压力预测曲线及地质因素，需要综合考虑地层可钻性（影响钻头更换）、井下漏失、地下水污染、浅层气侵、井壁失稳等因素对安全高效钻井的影响，并以此确定必封点。

就页岩油藏水平井而言，依据国内外开发经验，后续需通过大型分段压裂来获得较高的产量。水平井完井通常采用裸眼完井或者套管射孔完井方式，由于裸眼完井时完井管柱下入较为困难，且承压受井径影响较大，难以控制压裂裂缝起裂点，不能满足页岩油藏形成压裂复杂缝网的需求。页岩油水平井推荐采用套管射孔完井方式，根据地质“甜点”和工程因素选择多个起裂点，通过大型多段压裂形成复杂缝网，以便于获得经济产能。综合考虑完井、储层压裂、油井寿命和安全生产的要求，页岩油水平井主要采用 ϕ139.7mm 套管射孔完井方式。

2）套管下入深度的确定方法

表层套管的下入深度应满足《井身结构设计方法》（SY/T 5431—2008）中对井控安全的要求，此外还需满足保护浅层淡水的要求。钻井施工过程中，表层套管的一个重要功能就是有效封隔浅层淡水，主要包括井位附近的河流、湖泊及地下饮用水水源。一般要求表层套管下入深度要大于上述水源的底部深度。例如，加拿大能源资源保护局（ERCB）规定艾伯塔（Albert）地区表层套管下入深度比井位附近 200m 范围内最深水井的深度深 25m，即：

$$D_{cs-fw} = D_{fw} + 25 \tag{2-1}$$

式中 D_{cs-fw}——保护淡水层所要求的表层套管最低下入深度，m；

D_{fw}——井位附近 200m 以内最深可用水源的底部深度，m。

表层套管下入深度还与区域地质条件、地表环境状况及钻井工艺选择和技术水平有关，诸如地表易坍塌地层，井位附近的矿井坑道的深度、走向及长度，气体钻井提速最低下深要求等，统一记为：

$$D_{cs} \geqslant D_S \tag{2-2}$$

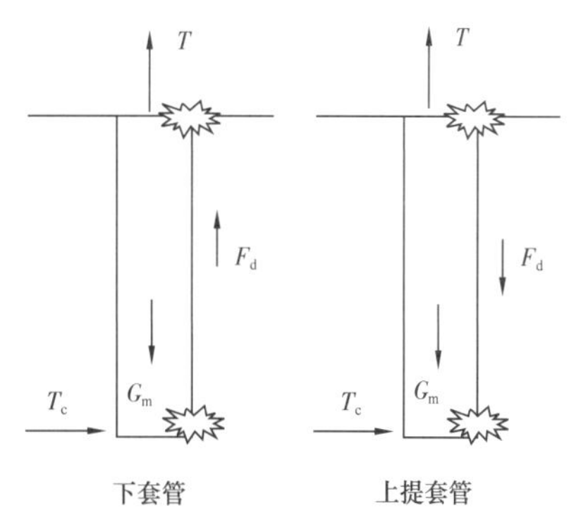

图 2-4 直井中套管受力分析简图

式中 D_S——表层套管下入深度，m。

表层套管、技术套管和生产套管的极限下入深度受钻机允许最大钩载、井眼状况、钻井液性能、套管尺寸及强度等因素的制约。在直井、套管完全居中条件下，套管受力分析如图 2-4 所示，井眼中套管受到的力有套管柱重力 G_m、钻井液摩阻 F_d、大钩拉力 T、液柱产生的外挤压力 T_c。钻机最大钩载、螺纹抗拉强度、套管抗外挤强度等约束下套管极限下入深度的计算公式可表示为：

$$\begin{cases} \mu q_m l\sin\alpha + q_m l\cos\alpha + F_d \leqslant 0.8Q_{max} \\ \mu q_m l\sin\alpha + q_m l\cos\alpha + F_d \leqslant \dfrac{P_t}{S_T} \\ 9.81\rho_m l\cos\alpha S_c \leqslant P_c \end{cases} \tag{2-3}$$

式中 μ——井壁摩阻系数，一般取值 0.2～0.4；

q_m——套管在钻井液中的线重，N/m；

l——套管柱长度，m；

α——井斜角（直井中 α=0），(°)；

F_d——钻井液摩阻，kN；

Q_{max}——钻机允许的最大钩载，kN；

P_t——螺纹连接强度，kN；

S_t——抗拉安全系数，一般不小于 1.8；

ρ_m——套管外环空钻井液密度，g/cm^3；

S_c——抗挤安全系数，取值 1.0；

P_c——套管抗外挤强度，kN。

此外，套管还应具有足够的抗内压强度，能够在继续钻进过程中满足对井涌的控制需求，因此，套管最大下入深度处的地层压力应小于或等于套管的抗内压强度，即：

$$\rho_p l S_i \leqslant P_i \tag{2-4}$$

式中 ρ_p——地层压力当量密度，g/cm^3；

S_i——抗挤安全系数，取值 1.1；

P_i——套管抗内压强度，kN。

钻机最大钩载、套管抗挤压强度、螺纹抗拉强度和套管抗内压强度约束下的套管极限下入深度计算公式为：

$$\begin{cases} L = \min\{L_1, L_2, L_3, L_4\} \\ q_m L_1 + F_d = 0.8Q_{max} \\ q_m L_2 + F_d = \dfrac{P_t}{S_T} \\ 9.81\rho_m L_3 S_c = P_c \\ \rho_p L_4 S_i = P_i \end{cases} \tag{2-5}$$

式中 L——套管极限下入深度，m；

L_1——钻机最大钩载约束下的极限下入深度，m；

L_2——抗挤压强度约束下的极限下入深度，m；

L_3——螺纹抗拉强度约束下的极限下入深度，m；

L_4——抗内压强度约束下的极限下入深度，m。

3）页岩油水平段生产套管优化设计原则

行业标准《套管柱结构与强度设计》（SY/T 5724—2008）推荐的安全系数为：

抗内压系数 S_i=1.05～1.15

抗挤系数 S_c=1.00～1.125

抗拉系数 S_t=1.60～2.00

页岩油水平井生产套管的安全系数应在行业标准《套管柱结构与强度设计》（SY/T 5724—2008）的基础上，提高抗内压系数和抗挤系数。

提高抗内压安全系数是基于以下三个方面的考虑因素：

（1）页岩油水平井进行压裂作业时，生产套管柱的最大有效内压力在井口，即井口限定施工泵压，这个压力取值不是假想的极端条件，而是在一些井的某个层段施工时会达到的数值，需要通过提高安全系数来留余量；

（2）作为行业惯例，一些行业标准也是取套管抗内压强度的 80% 作为安全使用上限，如行业标准《钻井井控技术规程》（SY/T 6426—2005）就规定“最大允许关井套压不得超过套管抗内压强度的 80%”；

（3）页岩气水平井要实施多段压裂，且单段施工持续时间也长。产层段射孔、压裂可能对水平段套管产生冲击变形，生产套管应具有更高的抗内压强度和水压密封性能。

提高抗挤安全系数是基于以下两个方面的考虑因素：

（1）高压射孔、大规模水力压裂对水平段套管产生外挤影响；

（2）对页岩储层实施压裂改造时，地层应力场变化对套管强度的影响；

生产套管在具体选择时，还可进行水压密封失效试验来检验是否满足多段压裂条件下的密封需求。

2. 页岩油水平井三维轨道优化设计

1）水平井参数设计准则

水平井参数设计内容是指水平井轨道在平面上的布局（位置），其主要内容为水平井井距、方位与段长。

（1）井距：井距设计主要依据单井经济极限井距、人工裂缝长度、单井数值模拟以及国内开发经验来开展。

（2）方位：水平井井眼沿最小水平应力方向钻进时，压裂缝面与井眼方向垂直有利于获得最优改造效果。实钻条件下，水平井方位偏移范围宜控制在 30° 之内。

（3）段长：随着水平段长的增加，初始产量相应增加，但钻井难度和成本都会显著增大，国内外水平井水平段长一般为 600～1500m。

2）水平井三维轨道优化设计

页岩油钻井定向井段和水平段长，随着井深和水平位移的延伸，井眼清洁、携砂困难，重力效应突出，摩阻扭矩不断增加，滑动钻进钻压传递困难。合理的轨道设计是长水平段水平井取得成功的关键，井眼剖面在保证不超过钻柱扭矩极限的情形下，还需要尽量增大水平延伸距离、降低摩阻扭矩，以提高钻柱和测量工具的通过能力。

当前水平井钻井主要采用双弧剖面设计，即“直—增—稳—增—水平段”剖面。它由直井段、第一增斜段、稳斜调整段、第二增斜段和水平段组成，即在增斜过程中设计了一段较短的稳斜调整段，主要有两大优势：一是当目的层在实钻中适当调整后，便于相应的调整和控制井眼轨迹；二是可通过调整段来补偿工具造斜率误差所造成的轨迹偏差，使轨迹在最终着陆时进靶更准确和顺利。需要优化设计的主要参数包括造斜点、造斜率和稳斜角。

（1）造斜点：由于造斜率受井眼大小和地层情况的影响，为了便于造斜和方位控制，造斜点一般选在地层较稳定的井段。造斜点越浅、斜井段越长，则拉力、扭矩增大，控制井段加长，容易形成键槽，井眼轨迹控制困难；滑动钻进摩阻在稳斜角不变的情况下随造斜点的提高而增加。在水平位移很大的情况下，就要选择合适的曲线类型，使造斜点尽量深，以加长直井段、缩短斜井段，使钻进和下套管时具有较大的推动力。

（2）造斜率：造斜率的选取主要参考生产管柱下入、管材抗弯能力和复合钻井提速等因素。考虑到页岩油藏后续多段压裂泵送桥塞工艺的需求，结合地层因素的影响，造斜率和造斜变化率的减小，曲线更趋平滑，则拉力、扭矩、摩阻减小。工具实际的造斜率达到设计要求是井眼轨道控制的关键。如果工具实际的造斜率低于施工设计值，一旦出现突发情况，会造成后面施工非常被动。因此，造斜段可考虑使用理论造斜率略大的螺杆钻具，一般选择的工具的造斜能力比设计造斜率高 20%～30%。进入水平段后，井眼轨道通常不需要进行太大的调整，使用造斜率相对较小的螺杆钻具就可以满足水平段轨道微调整的要求，大部分井段为复合钻进，使得水平段钻进轨迹更加平滑，岩屑更易返出，井下更安全。

（3）稳斜角：根据施工经验，二维井稳斜角宜控制在40°以内；三维井稳斜角宜控制在35°以内。旋转扭矩、起下钻摩阻随稳斜角的增大而减小；滑动钻进摩阻随稳斜角的增大而增加。在最佳稳斜角的条件下，应使斜井段长度最短；在稳斜角相同时，斜井段越短，摩阻、扭矩越小。

3. 页岩油水平井井身结构及剖面优化设计应用实例

经优化设计，泌阳凹陷页岩油先导试验区采用的三开井身结构如图2-5所示（以泌页HF1井为例）。一开采用ϕ444.5mm钻头，ϕ339.7mm表层套管下入深度300～400m，水泥返到地面以封固廖庄组上部成岩性差、胶结疏松地层；二开采用ϕ311.2mm钻头，ϕ244.5mm技术套管原则上下至A靶点以上，主要基于两方面考虑：一是为地质导向调整着陆点预留一定井段；二是为降低三开水平裸眼段施工难度，降低摩阻和扭矩，固井水泥返到地面；三开采用ϕ215.9mm钻头和ϕ139.7mm油层套管，固井水泥返到地面，保证固井质量。

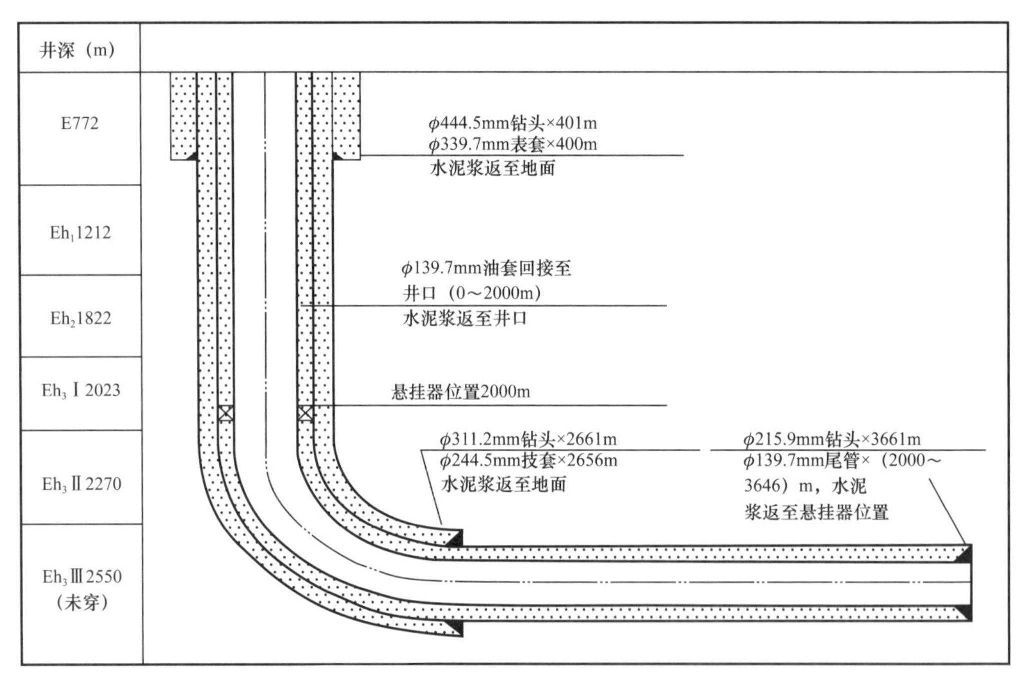

图2-5 泌页HF1井井身结构示意图（据常海军等，2013）

陆相页岩油水平井井身剖面设计除应满足地质设计要求外，还必须考虑所钻地层的地质条件、下部钻具组合特性、测量仪器的下入、钻柱、摩阻、完井管柱及后期多级分段压裂和采油工艺要求等因素的影响。根据井位部署情况，泌页HF1井为双靶心水平井，为了降低施工难度，便于调整工具造斜率，剖面类型优选为“直—增—稳—增—平”的双弧剖面。

二、井眼轨迹控制技术

1. 直井段轨迹控制

水平井直井段的井身质量会对定向段的井眼轨迹质量和定向工作量产生较大影响。较好的直井段井身质量可以大幅减少造斜段的定向进尺，提高钻进速度，同时可以避免或减少因直井段井斜过大带来的降斜和扭方位的拐点，保证井眼轨迹平滑，为后期长水平段穿行、电测、下套管等作业创造有利条件。

水平井直井段的井眼轨迹控制原则是防斜打直。井斜角越小，越利于下一步造斜施工。水平井垂直井段可以按照打直井的方法进行轨迹控制，且比打直井要求更高，因为垂直井段的施工质量是以后轨迹控制的基础。直导眼的靶前位移需要控制在30m以内，以利于实现轨迹控制和中靶。一般采用常用的塔式钻具、钟摆钻具或满眼钻具，可有效控制直井段井身质量，为侧钻主井眼定向施工创造条件。但必要时需要使用“双扶小钟摆小度数单弯螺杆”防斜打快新技术。

2. 着陆控制

着陆控制是指从造斜井段开始钻至油层内的靶窗这一过程的轨迹控制。增斜是着陆控制的主要特征，进靶控制是着陆控制的关键。技术要点可概括为略高勿低、先高后低、寸高必争、早扭方位、微增探顶、动态监控、矢量进靶。在着陆控制中，重点在于实钻轨迹与设计轨道的符合率。如果实钻轨迹与设计轨道偏差太大，那么之前所做的井眼剖面优化也就失去了意义。这就要求定向工程师能够准确把握各种度数螺杆的实际造斜率、各种地层中造斜率的变化情况、牙轮钻头与PDC钻头造斜率的差异、井底数据的准确预测、角差误差的精确计算、复合和滑动进尺的合理选择、钻井参数的优化等。

靶点垂深和工具造斜率的不确定性，是影响水平井着陆最重要的两个因素。在实际施工中，要将工具造斜率看成是不确定的，然后按工具最大造斜率和最小造斜率分别预测井底数据和待钻井眼轨道，得出两种方案完成后的井眼轨迹的可能变化范围，依次分析找到合理施工方案，同时要提高测量盲区内已钻井眼的预测精度，尽可能减小或消除工具造斜率不确定性给水平井待钻井眼轨迹带来的影响。最大造斜率和最小造斜率对应的轨道是两个最极端的情况，若能保证这两条轨道能中靶，则所有可能的轨道都可以中靶。

泌页HF1井采用的定向造斜钻具组合为：ϕ311.2mm钻头+ϕ197mm 1.5°双扶单弯螺杆+回压阀+双公接头+定向直接头+ϕ203mm无磁钻铤1根+ϕ203mm钻铤2根+ϕ178mm钻铤12根+ϕ165mm钻铤6根+ϕ127mm钻杆+下旋塞。定向造斜段的关键是结合MWD测量系统实时监测井眼轨迹，及时进行调整，以保证实钻轨迹与设计轨道基本一致。

3. 水平段轨迹控制

水平段轨迹控制是指进靶之后在给定靶窗内钻出整个水平段过程的轨迹控制。技术要点可概括为钻具稳平、上下调整、多开转盘、注意短起、动态监控、留有余地、少扭方位。

钻长水平段水平井时，如何能在长水平段维持井斜角与方位的稳定是成功与否的关键，选择合适的稳斜钻具组合也就变得尤为重要。在水平控制中，要求钻具组合具有一定的纠斜能力，可在定向状态进行有效的增降井斜和纠方位操作，可在复合钻基础上钻出长稳斜段。另外，在水平段控制中，必须要考虑井眼惯性的影响。在钻进过程中需要调整工具的造斜率，但调整的结果并不能够马上实现按调整后的造斜率钻进，会沿原井眼前进趋势继续钻进一段后，才能实现按调整后的造斜率钻进，这种调整的滞后现象被称之为“井眼惯性”，也指从一种井眼曲率变化到另一种井眼曲率时需一定长度的过渡井段。

常规水平井钻井普遍采用井下动力钻具钻井 + 随钻测量（MWD）或随钻录井（LWD）的方式，但当水平段大于 1000m 时，采用该方式的施工周期长，井下安全难以保障。贝克休斯旋转导向钻井系统具有全程高速旋转（120r/min）、地面实时监控和井下闭环控制的优势，泌页 HF1 井利用旋转导向钻井系统配合 LWD 近钻头地质导向工具，实现了井眼轨迹的平滑和实时控制，解决了长水平段岩屑携带、摩阻扭矩大等难题，同时配合优选的高效 PDC 钻头，实现了页岩长水平段快速优质钻井。依据近钻头地层伽马、电阻率等测井参数，确保井眼轨迹在泥页岩储层中穿行，实时调整轨迹 19 次，保证油层钻遇率高达 98%，水平段全角变化率控制在 1.68°/30m 以内。三开水平段钻进井段 2601～3722m，利用一趟钻 6 天时间钻完，平均机械钻速 10.26m/h，最高日进尺 270m，日进尺创新国内陆相页岩地层钻井的新纪录。

第四节　页岩油钻井装备与技术发展展望

页岩油钻井尚处于起步阶段，常规复合钻井方式虽然可以完成定向钻井作业任务，但却面临井下摩阻扭矩大、滑动钻进工具面调整困难及井眼轨迹控制难度大等难题。探索适用于页岩油藏钻井的新技术和新装备，对于形成和发展页岩油优快钻井技术体系大有裨益。

一、钻头优选理论与技术

钻头是破碎岩石形成井眼的主要工具，它直接影响着钻井速度、钻井质量和钻井成本。如果能用少量钻头迅速钻完一口井，那将会使整个钻进过程中，起下钻次数减少、建井速度加快、钻井成本降低，因此选择可适应不同地层条件、破碎效率高、坚固耐用的钻头，以及正确使用钻头，就具有特别重要意义。泌页 HF1 井目的层钻井使用贝克休斯 QD505X 型 PDC 钻头配合旋转导向钻具取得了良好的应用效果，但缺乏对内在原因的认识，其他开次面临相同的问题。因此，为实现页岩油优快钻井，有必要基于不同井段和开次的地层岩石可钻性分析，开展钻头优选理论和技术研究。

目前钻头选型方法大致可以分为三类。

第一类方法是钻头使用效果评价法，包括每米钻井成本法、比能法、经济效益指数法、灰类白化权函数聚类法、综合指数主分量分析法、模糊综合评判法、灰关联分析法、神经网络法、属性层次分析法等。这类方法从某地区的钻头应用统计数据入手，把反映钻头使用效果的一个或多个指标作为钻头选型的依据。其中，灰关联分析法将钻头进尺、纯钻时间、机械钻速和钻头成本作为钻头使用效果的评价指标，应用灰关联分析法，根据关联度的大小对钻头进行优劣排序。属性层次分析法将属性识别理论和层次分析方法相结合，在属性测度的基础上，通过分析判断准则和属性判断矩阵，建立了钻头优选属性层次模型，考虑钻头进尺、钻头寿命、平均机械钻速和单位进尺钻头成本（钻头单价 / 钻头进尺）等指标，根据钻头记录，按层位为新井选择钻头型号。

第二类方法是岩石力学参数法，包括模糊聚类法、灰类白化权函数聚类法、岩石内摩擦角法、灰色关联聚类法等。这类方法根据待钻地层的某一个或几个岩石力学参数，结合钻头厂家的使用说明进行钻头选型。其中，模糊聚类法以地层岩石力学性质中影响钻头钻速及磨损的主要指标（岩石可钻性、研磨性、硬度、塑性系数和抗压强度）为研究对象，按各地层间对应岩性的相似程度进行模糊动态聚类，建立好动态聚类图后，根据所钻地层与已知地层的亲疏关系，结合钻头厂家的使用说明进行选型。灰色关联聚类法利用灰色关联聚类分析方法，将岩石硬度、可钻性、塑性系数、抗压强度及抗剪强度所归属的岩石类别聚类为一个综合岩石特性参数，来综合定量描述岩石力学特性的差异，为钻头选型提供科学依据。

第三类方法是综合法，包括岩石声波时差法、剪切强度法、有围压岩石抗压强度法、人工神经网络法、地层综合系数法等。这类方法把钻头使用效果和地层岩石力学性质结合起来进行选型。其中，剪切强度法以一个包括钻头型号、所钻井段地层的平均剪切强度、单位进尺钻井成本等指标在内的 PDC 钻头资料库为基础，在选型时首先确定计划钻井段地层剪切强度的平均值，以此平均值为基点，在合理的偏差范围内，从数据库中选择 PDC 钻头，单位进尺钻井成本最低的 PDC 钻头为优选结果。人工神经网络方法利用误差反向传播、自适应共振等神经网络进行钻头优选，网络神经元包括地区、井深、可钻性系数、研磨性系数、机械钻速、钻头进尺、钻压、转速、井底水功率、井底压差、钻头牙齿磨损和钻头轴承磨损等指标，输出层为钻头型号，但神经网络方法在实际应用中的情况，有些输入参数不易求取，其选型结果对样本数据的选取具有很强的依赖性。地层综合系数法是一种既考虑钻头的经济效益又考虑钻头所钻遇地层的多种岩石力学特性来进行钻头选型的方法，该方法首先根据经济效益指数法建立标准井，然后将研究井的地层可钻性与标准井进行比较，若地层可钻性综合系数大于 1，说明研究井相应层位比标准井难钻，应选择比标准井高一级别的钻头；若可钻性综合系数小于 1，说明研究井相应层位比标准井易钻，应选择低一级别的钻头；综合系数等于 1，说明标准井和研究井相应层位有相同的可钻性，应选择同一级别的钻头，这种方法是在假设统计井的各地质层位的岩石力学特性参数相同的基础上建立的标准井，其选型结果具有定性和定量相结合的特点。

第一类方法是用已钻井的实际使用效果来作为钻头的选型依据。主要不足之处为：

（1）以邻井钻头使用资料为基础，当邻井钻头本身选用不当，或该设计井与邻井地质条件相差较大时，该方法不能给出理想的选型结果；

（2）对新探区，或钻头使用资料比较少时，该选型方法存在较大的盲目性；

（3）评价指标的选取具有主观性。

第二类方法是从岩石的力学性质入手，根据厂家的钻头使用说明寻求与岩石的力学性质相匹配的钻头。主要不足之处为：

（1）当与某地层相适应的钻头有若干类时，无法确定选择哪种型号的钻头；

（2）当地层岩石的力学性质未知时，无法进行钻头选型。钻头在井下受多种力学因素的影响，单凭一个或几个力学参数很难选出真正适合的钻头。

第三类方法将钻头使用效果和地层的岩石力学性质结合起来进行选型。最佳的钻头优选方法应当既考虑待钻地层岩石力学参数，又借鉴邻井钻头使用效果记录，同时也能兼顾钻头直接和潜在经济效益的方法。

钻头选型主要考虑六个因素。

（1）地层条件。地层条件是选择钻头类型和结构的主要依据。地层条件包括地层类型、硬度、岩性及层位厚度。

（2）钻井方式。主要包括井下动力钻具钻井和复合钻井。

（3）钻井参数。在水平井钻井中，由于工艺要求往往对钻井参数已做出明确的规定，所以，钻头选型要与钻井参数相适应，确定钻头的切削结构、水力结构与保径尺寸。

（4）邻井资料。包括邻井地质资料和邻井钻头使用记录。它对于钻头选型来说是极为重要和有效的技术参考资料。

（5）PDC 钻头刀翼选择。PDC 钻头的刀翼数量越多，钻头运转越平稳，但是机械钻速会受到影响。钻头的刀翼数量减少，单个刀翼承受的冲击载荷就要增加。

（6）PDC 钻头齿的选择。根据实践经验，对于软—中硬地层，选用直径较大的 PDC 复合片，采用低密或中密布齿的钻头；对于中硬—坚硬地层，选用直径较小的 PDC 复合片，采用中密或高密布齿的钻头。对于研磨性强的地层，如果岩石内摩擦角持续在 40° 以上时，选用天然金刚石钻头或特殊加工的 PDC 钻头；岩石内摩擦角在 36°～40°，则须根据实际岩性选用不同功能的 PDC 钻头；如果岩石内摩擦角在 36° 以下，可选用普通的 PDC 钻头钻进。PDC 钻头钻进井段较长，穿越的层位比较多，应按照预期钻遇地层强度最高的进行选型。常规 PDC 齿的直径有 13.4mm、16mm、19mm、25.4 mm 四种。齿直径的选择要依据地层条件，地层可钻性级值越低，抗钻阻力越小，在同样的钻压水平下，切削齿比较容易吃入地层，所以，较大切削齿可获得较高的破岩效率，机械钻速高、不易“泥包”。地层可钻性的级值越高，抗钻阻力越大，切削齿尺寸越大，吃入越困难；相反，小直径齿出露量较小，抗冲击韧性相对较好。因此，从提高破岩效率方面考虑，地层可钻性级值越高，选用的切削齿尺寸应越小。一般情况下，钻进 3 级以及软地层的 PDC 钻头，选用 ϕ19mm 切削齿可获得较高的破岩效率；钻进 4～5 级地层时，选用 ϕ16 mm 切削齿可获得较高的破岩效率；钻进 5 级以上的硬地层，推荐采用 ϕ16 mm 切削齿。

二、旋转冲击钻井技术

在倾斜井眼内，尤其是长水平段内常规旋转（复合）钻井过程中，钻具在自身重力作用下“躺”在下井壁上，导致摩阻扭矩增大，还可能影响井眼清洗效果，引发卡钻、托压、定向困难及钻具失效等复杂工况，上述问题在定向滑动钻进时更为突出。为缓解上述问题，近几年发展了旋转冲击钻井技术，在页岩油水平井钻井领域具有极大的应用潜力。

旋转冲击钻井是将旋转钻进连续破碎岩石的作用与冲击钻进间断破碎岩石的作用相结合的一种钻井方法。该方法通过在钻头或者距钻头一定距离处安装专用冲击器来实现。钻进时，钻头除受到钻压和扭矩作用外，还受到冲击器施加的一定频率的冲击载荷，钻头将上述载荷传递至井底岩石并将其破碎。冲击载荷的另一重要作用是通过产生轴向振动降低钻具旋转受到的摩阻扭矩，其依据是已广泛应用于多个领域的振动减摩阻机理。冲击器是旋转冲击钻井中的核心工具，它的性能优劣决定了旋转冲击钻井的效率和效益。国内外研发出了多种冲击工具，按其工作原理主要分为水击式、液压式、振动吸能式、射流式及自激振荡式。

1. 水击式激振工具

水击式激振工具以水力振荡器（AGT）为代表（图 2–6），该工具近年来在国内开展了大量的现场应用，减摩阻提速效果显著（Newman 等，2009；Amiraslani 等，2012）。但由于该工具含有螺杆马达驱动机构和盘阀节流机构，且使用过程中安装于 MWD 工具上部，容易对 MWD 的压力脉冲信号产生干扰及由于振动太强烈导致 MWD 连接处接触不良或断开，从而影响对井身结构的控制和施工进度（石崇东等，2012），使其应用受到了一定的限制。

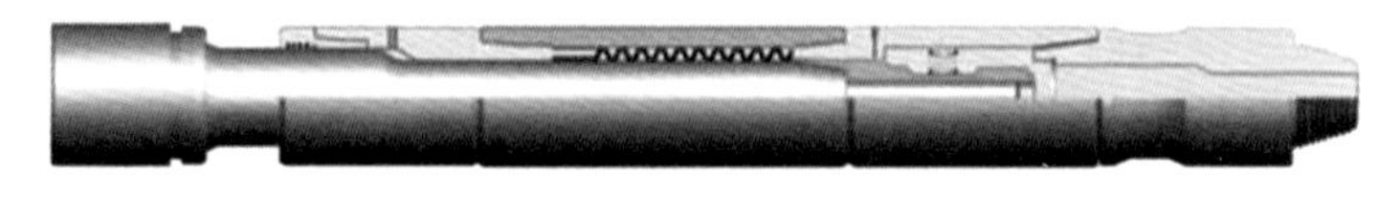

图 2–6　水力振荡器（AGT）

2. 液压式激振工具

图 2–7 为双作用液动冲击器（SDSZ）结构简图，其工作原理为：利用阀的关闭产生水击现象带动锤身的上下往复运动实现对砧子的冲击，并通过能量传递机构将该能量传递给钻头。该工具在塔里木盆地山前构造带上的依南 –5 井进行了现场试验，机械钻速相比常规旋转钻井提高 20%～60%（王克雄，1999）。

3. 振动吸能式冲击器

图 2–8 为吸振式井下液压脉冲发生装置结构，其工作原理为：钻柱的纵向振动可带动工具内的活塞—弹簧系统往复运动，对工具内的流体产生挤压作用从而产生脉冲射流。吸振式井下液压脉冲发生装置在新疆油田 KM19 井、KX21 井与 KF3 井进行了试验，结果显示与常规钻进相比，使用吸振式井下液压脉冲发生装置钻进可使机械钻速显著提高，且工具寿命满足现场要求（管志川等，2014）。

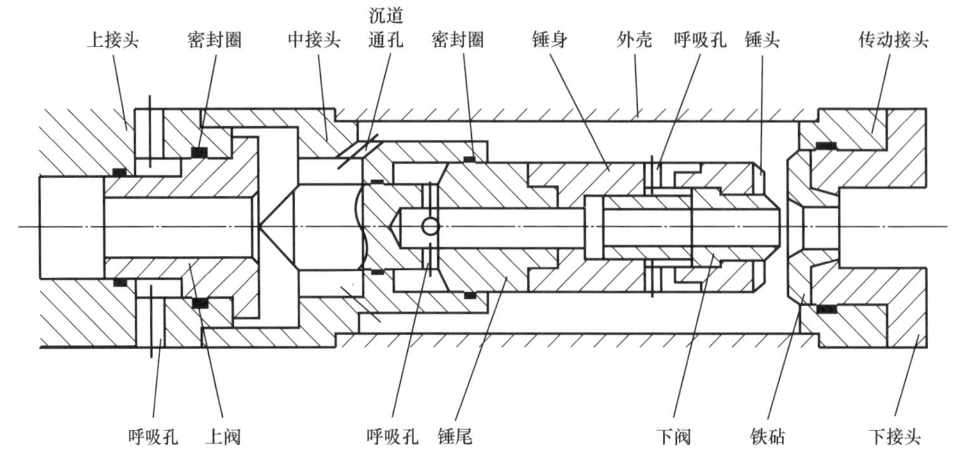

图 2–7　双作用液动冲击器（SDSZ）结构

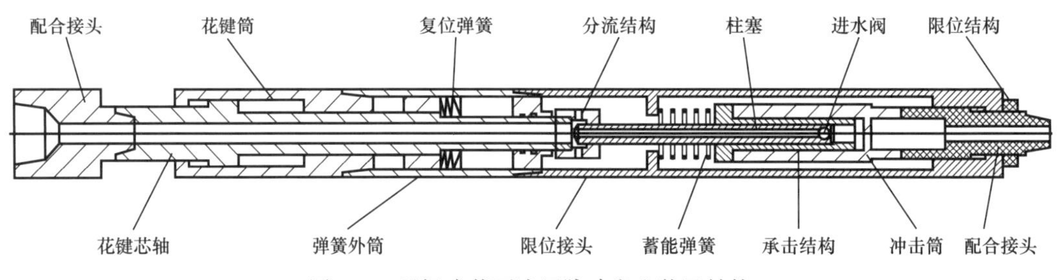

图 2–8　吸振式井下液压脉冲发生装置结构

4. 射流式冲击器

图 2–9 为 YSC–178 型液动式射流冲击器，其工作原理为：利用流体流经射流原件的喷嘴时的附壁效应推动活塞与冲锤上行积蓄能量，下行释放能量撞击砧子完成一次冲击，如此往复，实现对钻头的冲击（沈建中等，2011）。

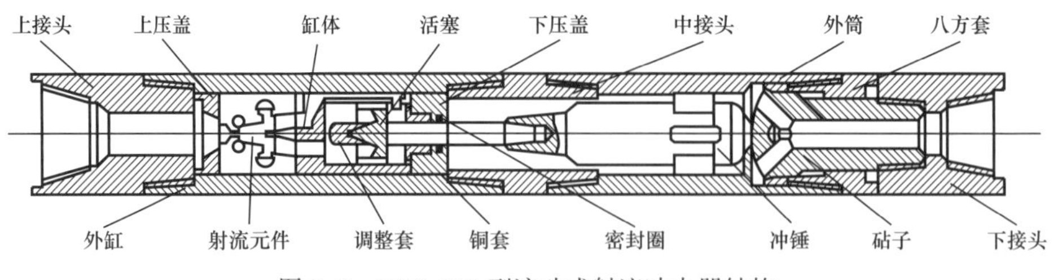

图 2–9　YSC–178 型液动式射流冲击器结构

5. 自激振荡式旋冲工具

自激振荡工具以自激振荡式旋冲工具（ZJXC）为代表（Cheng 等，2012；雷鹏等，2013），该工具主要由自激振荡腔和冲击传递杆组成，其工作原理是将水力振荡元件置于工具壳体内部，水力振荡元件调制生成脉冲射流作用于与钻头或下部钻柱相连的八方驱动杆上端（图 2–10），对钻头或下部钻柱施加 5～20kN、400～600Hz 的周期性机械

冲击作用力，产生以下两种作用：（1）使钻头所承受的连续钻压产生波动，由于振动载荷可使岩石的破坏强度相对降低，同时水力振荡元件所产生的水力脉动作用向下传递至井底，也有助于改善井底岩石的受力状况和岩屑的净化，二者协同作用使得钻头的破岩效率提高；（2）激发与驱动杆相连接的下部钻柱产生轴向振动，显著减小滑动钻进时下部钻柱与井壁之间的摩阻，提高钻柱载荷传递效率和井底钻压，最终提高复杂结构井的机械钻速和极限延伸距离。

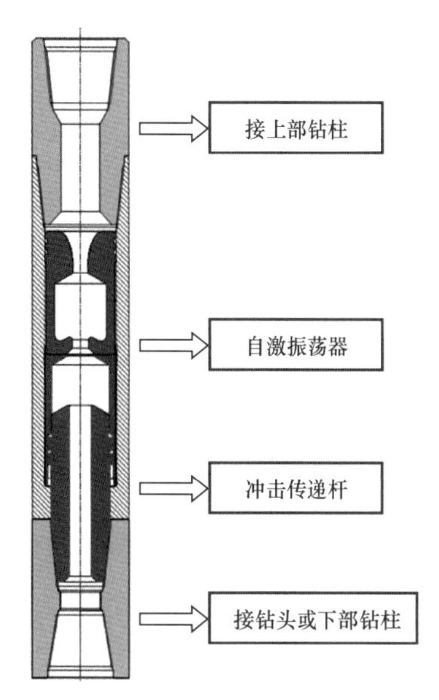

图 2-10　自激振荡式旋冲工具结构原理图

ZJXC 工具单独或配合螺杆钻具在国内各大油田应用 250 余次，取得了显著的减阻提速效果。其突出特点是：（1）对钻头和钻具结构没有特殊要求，不改变现有工艺；（2）有利于改善底部钻具组合力学特性，延长钻头的使用寿命，提高钻探效率和极限延伸距离；（3）采用优化的水力结构和高耐磨材料，工具免维护使用寿命可达 200h 以上；（4）整套工具强度不低于配合钻具的设计强度；（5）定向钻进过程中，不干扰螺杆和 MWD 工作，振动减阻提速效果明显。

为满足不同开次的减阻提速需求，ZJXC 工具进行了系列化设计（表 2-3），在页岩油直井段钻井提速和定向井段振动减阻领域具有较为广阔的应用潜力。

表 2-3　自激振荡式旋冲工具规格

型号	长度（mm）	外径（mm）	压力损耗（MPa）	螺纹型号			八方杆游动间隙（mm）
				上端	八方杆下端	下端	
ZJXC-095	1500	95	2.5（9L/s，1.2g/cm^3）	2^7/$_8$REG		2^7/$_8$REG	25
ZJXC-127	1440	127	1.8（15L/s，1.2g/cm^3）	NC38	2^7/$_8$REG	NC38	20
ZJXC-172	1140	180	1.4（30L/s，1.2g/cm^3）	NC46	NC40	4^1/$_2$REG	20
ZJXC-178	1180	180	1.0（30L/s，1.2g/cm^3）	NC46/NC50	NC40	4^1/$_2$REG	20
ZJXC-1782	1380	180	1.1（30L/s，1.2g/cm^3）	NC46/NC50	NC40	4^1/$_2$REG	20
ZJXC-203	1290	203	2.2（37.5L/s，1.2g/cm^3）	6^5/$_8$REG	NC46	6^5/$_8$REG	20

续表

型号	长度（mm）	外径（mm）	压力损耗（MPa）	螺纹型号			八方杆游动间隙（mm）
				上端	八方杆下端	下端	
ZJXC-230	1480	230	2.0（45L/s，1.2g/cm^3）	$7^5/_8$REG	$6^5/_8$REG	$6^5/_8$REG	24
ZJXC-245	1480	245	2.0（45L/s，1.2g/cm^3）	$7^5/_8$REG	$6^5/_8$REG	$6^5/_8$REG	24

注：工具的上下端螺纹型号可根据需要进行选择。

三、旋转导向钻井技术

旋转导向钻井是在钻柱旋转钻进时，随钻实时完成导向功能的一种导向式钻井方法，是20世纪90年代以来定向钻井技术的重大变革。以斯伦贝谢、贝克休斯和哈里伯顿公司生产的PowerDrive、AutoTrak RCLS和Geo-Pilot最为典型。泌页HF1井在目的层采用了贝克休斯公司的旋转导向钻井系统，较好地实现了水平井优快钻井。后续可根据页岩油储层赋存特征，结合旋转导向钻井技术的新发展，优选工具系统，优化工艺参数，降低使用成本。

1. 斯伦贝谢PowerDrive系统

目前，PowerDrive是调制式全旋转导向钻井系统商业化应用的典型代表产品。该系统由稳定平台和执行机构组成，整个工具系统随钻柱一起旋转。稳定平台通过上下轴承悬挂于外筒内，内部由井下CPU、控制电路和测量传感器组成，靠控制其两端的涡轮在钻井液中的转速来调节稳定平台的输出扭矩的大小，使其形成一个不随钻柱旋转，稳定的控制平台。PowerDrive SRD系统的导向方式为推靠式导向，系统支撑翼肋的支出动力来源于钻井过程中自然存在的钻柱内外的钻井液压差。钻井液压差是通过与稳定平台和翼肋连通的上下盘阀为钻头提供侧向力，从而产生导向作用（图2-11）。

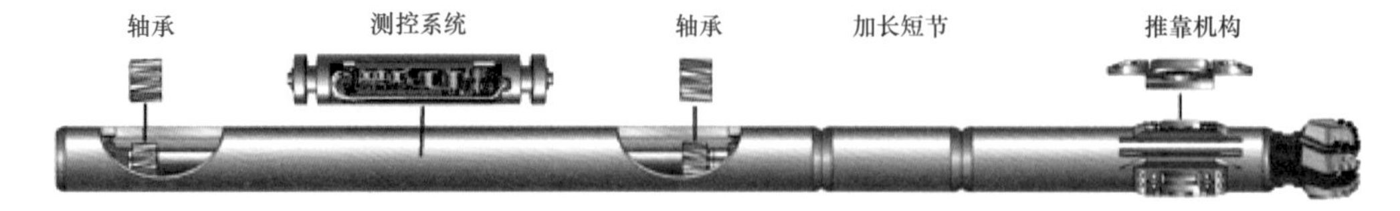

图2-11　PowerDrive SRD系统示意图

该工具的控制器、测量传感器都密封在稳定平台内，用于测量钻头的倾斜角、方位角、输入轴倾角位置信息和控制涡轮发电机负载电流的大小和通电时间。通过调节电流改变涡轮发电机绕组回路阻抗，旋转换向阀保持一个相对于井眼的固定转角（即工具面角），实现控制轴在受控状态下的运动状态改变。适合在复杂地层如边缘油藏和高陡构造带中钻深井、超深井、大位移井等。

斯伦贝谢公司在 PowerDrive 6751000* 的基础上开发了 Xtra 和 Vortex 两种全旋转外套式钻井系统。PowerDrive Xtra（推靠式）工具的所有部件转动，具有完全倒划眼能力，减少卡钻风险，能够在直井段造斜，能够满足不同井眼尺寸需要；PowerDrive Vortex 系列的旋转导向钻井工具在上述工具之上附加了动力马达，以提高机械钻速。

2. 贝克休斯 AutoTrak RCLS 系统

AutoTrak RCLS 旋转导向系统的井下偏置执行工具由不旋转导向套和旋转心轴两大部分组成，中轴从导向套中间通过，起到带动钻头随钻柱一起旋转和提供钻井液流动通道的作用。不旋转外套上设置有井下 CPU、控制部分、液压系统和支撑翼肋（图 2–12）。

AutoTrak RCLS 系统的导向方式是推靠式，其井下导向执行工具的偏置原理如图 2–12 所示。与 PowerDrive 翼肋支撑动力来源不同的是，Autotrak RCLS 系统采用独立的液压系统作为支出动力来源。当沿周向均匀分布的三个支撑翼肋同时以不同的液压力推靠井壁时，导向套将不随钻柱一起旋转，同时，井壁的反作用力将对井下执行机构产生一个偏置合力。通过控制三个翼肋的液压力的大小，即可控制井下导向钻井工具的偏置合力的大小和方向，以控制钻井轨迹和方向。液压力由井下控制系统根据 CPU 的指令进行调整。井下 CPU 在下井前预置了井眼轨迹信息，实时将预置信息和 MWD 测量的井眼轨迹数据或 LWD 测量的地层状况进行对比，自动产生控制液压力的指令，也可根据下行通信系统传送的地面指令，设计调整液压系统的参数，从而控制液压力，调整翼肋的推靠力，实现导向钻进。导向套上还有各种测量井斜角、方位角及工具工作状态的传感器。

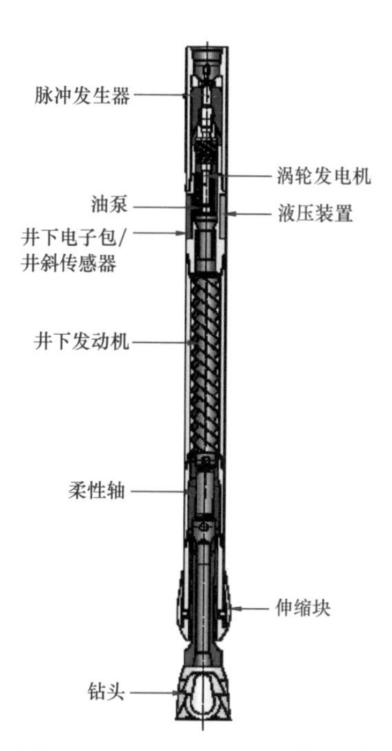

图 2–12　AutoTrak RCLS 偏置导向钻井工具的结构示意图

贝克休斯公司的 AutoTrak X–treme 旋转闭环钻井系统，可在高效钻井下提供精确的井眼定位及很高的井眼质量，降低井眼重入风险，使作业者经济地获得难动用储量，从而延长油田寿命。新型 AutoTrak X–treme 将 Inteq 的第三代 AutoTrak 旋转导向系统与 X–treme 马达技术相结合，产生的动力比常规马达高 50%～100%，适用井眼尺寸 $5^{7}/_{8}$～$18^{1}/_{4}$，并通过了恶劣钻井环境下的现场试验。北海和印度海的应用实践表明，AutoTrak X–treme 系统可以在大位移井中显著提高采收率，达到了挑战多分支井项目的能力。

3. 哈里伯顿 Geo–Pilot 系统

哈里伯顿的 Pilot 系列旋转导向系统是哈里伯顿 Sperry–Sun 公司与日本国家石油公司（JNOC）、Security DBS 公司合作开发的 FullDrift 钻井系统中的一部分。Geo–Pilot 系统与 AutoTrak RClS 系统和 PowerDriver SRD 系统不同的是，Geo–Pilot 系统的导向方式推靠式，而是靠不旋转外筒与旋转心轴之间的一套偏置机构使旋转心轴偏置，从而为钻头提供了一个与井眼轴线不一致的倾角，产生导向作用（即指向式）。其偏置机构是一套由几个可控制的偏心圆环组合形成的偏心机构，当井下自动控制完成组合之后，该机构将相对于不旋转外套固定，从而始终将旋转心轴向固定方向偏置，为钻头提供一个方向固定的倾角，图 2–13 是 Geo–Pilot 工具结构示意图。

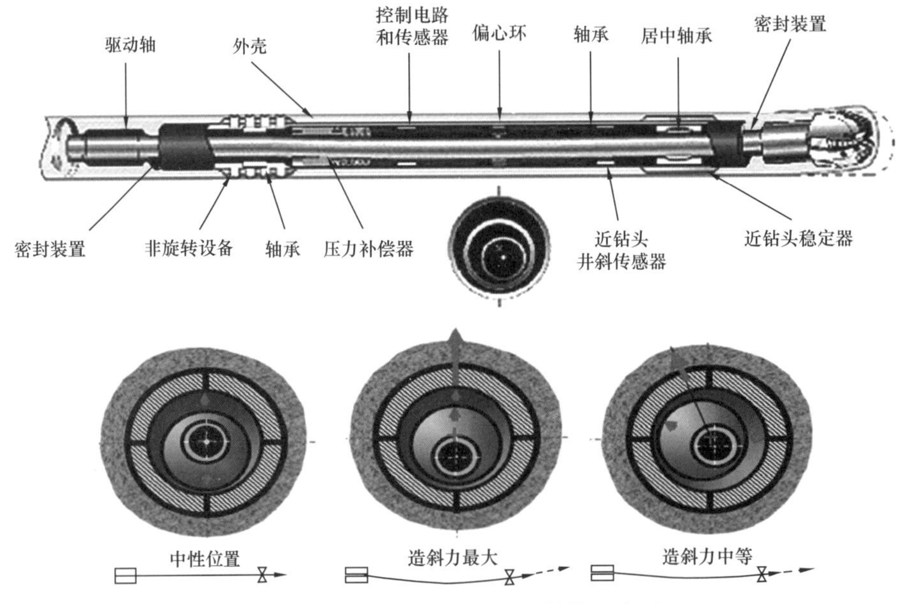

图 2–13　Geo–Pilot 井下工具结构示意图

四、超短半径径向水平井钻井技术

径向水平井是边际油田挖潜、提高非常规油气采收率的重要方法，在页岩油开发中具有较大应用潜力。20 世纪 80 年代，美国最早提出利用高压水射流钻头通过特制井下转向器进行径向水平井钻井，并研制了相应的钻具系统，成功应用于 1000 余口井，能够在同一井的同一深度向四周钻出多个径向水平井眼。中国自“九五”期间对该技术进行了系统研究，并在近井地带伤害、堵塞严重的生产井中开展了试验应用，单井产量一般提高 2 倍以上，甚至高达 5～20 倍，证实了该技术的潜力。

在页岩油开发中，超短半径径向水平井可具有以下优势：

（1）克服传统定向钻井垂直井眼不能重复利用的缺点，超短半径水平井可以在同一垂直井筒内不同产层钻成多个径向井眼，尤其适用于产层在横向上扩展较小，或不同深度分布多个产层的油藏；

（2）增大产层暴露面积，沟通产层原生裂隙，提高采收率；

（3）还可在水平段使用径向钻井技术，进一步增大产层暴露面积；

（4）结合超临界二氧化碳钻井技术的优势，以二氧化碳作为高压射流工作流体，可进一步提高破岩效率，增大水平段延伸，降低储层伤害。

超短半径径向水平井钻井系统的核心部件包括自进式钻头、导向器和高压胶管。如以二氧化碳作为射流介质，还需注意提高胶管耐二氧化碳腐蚀的能力。现场实践中，应通过常规钻井方法从地表钻一垂直井眼至页岩油藏，然后采用机械或水力方法在产层部位进行扩孔以便为导向器的伸张提供空间。将导向器下至产层内的扩径空间内，将自进式钻头对准所需的钻井方位，提高泵压值预定值即可实现自行向前钻进。

自进式钻头的功能是进行页岩切割并提供向前钻进的推力，以便拖动为其提供高压水动力的胶管随钻头一起前进。自进式钻头的前部是一对与切线方向呈一定角度的喷嘴，在高压水射流冲力的作用下，钻头前部的旋转部分在钻井过程中以一定的速度旋转，有利于提高钻井速度并形成较为规则的钻孔。在自进式钻头的中部可以安装随钻测量装置及定向控制装置。自进式钻头的后部装有3～4个反向喷嘴为钻具系统提供前进动力。为保证钻头在钻进中平稳前进，钻头长度不应小于500mm。

导向器的作用是使钻头和高压胶管在竖直方向的钻孔内转向90°，以便实现在垂直井眼内开展径向钻进。导向器的操作可以通过机械传动来实现，也可通过液压传动或电动传动来实现。

参考文献

常海军，李祥群，张娜，等. 2013. 河南油田页岩油长水平段水平井钻井实践［J］. 复杂油气藏，6（2）：66-70.

管志川，张洪宁，张伟，等. 2014. 吸振式井下液压脉冲发生装置［J］. 石油勘探与开发，41（5）：618-622.

雷鹏，倪红坚，王瑞和，等. 2013. 自激振荡式旋冲工具在深井超深井中的试验应用［J］. 石油钻探技术，41（6）：40-43.

沈建中，贺庆，韦忠良，等. 2011. YSC-178型液动射流冲击器在旋冲钻井中的应用［J］. 石油机械，39（6）：52-54.

石崇东，党克军，张军，等. 2012. 水力振荡器在苏36-8-18H井的应用［J］. 石油机械，40（3）：35-38.

苏现波. 2001. 煤层气地质学与勘探开发［M］. 北京：科学出版社.

仝继昌，秦雪峰，张娜，等. 2012. 河南油田陆相页岩油水平井钻井配套技术［J］. 内蒙古石油化工，38（24）：109-111.

王克雄. 1999. 冲击旋转钻井技术在石油钻井中的应用研究［J］. 石油钻采工艺，21（5）：5-9.

Amiraslani Y，Wilhoit J. 2012.Converting static friction to kinetic friction to drill further and faster in directional holes［R］.IADC/SPE 151 221.

Cheng R，Ge Y，Wang H，et al. 2012.Self-oscillation pulsed percussive rotary tool enhances drilling through hard igneous formations［J］.IADC/SPE 155784.

Newman K，Burnett T，Pursell J，et al. 2019.Modeling the affect of a downhole vibrator［R］.SPE 1201752.

第三章

页岩油钻井液技术

在页岩油藏开发过程中，维护页岩井壁的稳定性是钻井液的一项重要功能。选择合适的钻井液，需要明白页岩油储层的力学特征及其井壁失稳机理。

第一节　页岩油水平井钻井井壁稳定技术

一、页岩油储层特征及开发技术对井壁稳定性的需求

1. 储层页岩力学特征

中国页岩油的储层页岩主要有孔隙度低、各向异性与水敏性强三个特征。值得注意的是，虽然致密油储层主要是指页岩之外的致密储层，如砂岩、碳酸盐岩等，但是它与页岩油储层的主要力学特征相似，且在广义上，致密油与页岩油都是泛指蕴藏在低孔隙度、低渗透率的致密含油层中的石油资源，所以页岩油与致密油的钻井液技术是互通的 。

1）孔隙度低

页岩（致密砂岩、碳酸盐岩等）相对于常规储层具有超低孔隙度、超低渗透率特征，且富含有机质，通过一系列高分辨率测试、流体法等技术发现，页岩内部的孔隙数量极多，且大小不一。纳米级的孔隙、裂缝极其发育，稍大的微米级孔隙也不少。根据类型可以将页岩孔隙分为有机孔隙、无机孔隙和裂缝三类（邹才能等，2013；张林晔等，2014；卢双舫等，2016，2018）。有机质生烃（主要是生气）后残留的孔隙被称为有机孔隙，有机质丰度和成熟度（R_o）是控制有机孔隙发育程度的主要因素。无机孔隙是指粒间孔、粒内孔、黏土矿物层间孔。裂缝是指压裂缝（生烃或埋深）、矿物收缩缝及由页岩层理产生的裂缝。不同演化阶段、不同页岩的各种孔隙分布不同，如以有机孔隙为主的巴内特（Barnett）页岩和红河（Horn River）页岩，以无机孔隙为主的海恩思维尔（Haynesville）页岩和基默里奇（Kimmeridge）页岩。影响页岩孔隙类型和发育分布的因素有很多，如成熟度、黏土矿物比例、有机质含量、有机质类型等。

2）各向异性

页岩的层理（致密砂岩、碳酸盐岩的层状泥质）特征，导致页岩具有很强的各向异性。Lekhnitskii（1963）创新性地提出了正交各向异性理论，Pinto（1966）提出了层状正交各向异性体的概念，Salamon 等（1968）建立了层状正交介质的等效模型，Wardle

（1972）建立了层状介质的等效各向异性体模型。Josh 等（2012）发现页岩的微观结构、力学特性和声波测井资料等均存在不同程度的各向异性。Vanorio（2008）研究发现，温度、地应力环境和成岩条件等是形成页岩各向异性的重要因素。Sondergeld（2010）的研究表明，页岩的各向异性不可忽视，否则储量的预测会变得不准确，钻完井等方案的设计与实际进程会出现偏差，最终导致井壁垮塌等事故。

国内许多岩石力学方面的学者对页岩的各向异性也进行了详细的研究。陈天宇等（2014）通过室内实验分析了含有机质黑色页岩的各向异性。没有围压时，各向异性最强；当围压逐渐增加时，各向异性逐渐减弱至恒定值。唐杰（2014）研究了页岩动态弹性模量、静态弹性模量与围压的关系。结合机理分析发现，页岩的孔隙度、颗粒成分和压实历史等是影响页岩各向异性的重要因素，当围压增加时，页岩内部的孔隙、裂缝逐渐被压实而硬化，导致动态弹性模量、静态弹性模量都逐渐增加。衡帅等（2015）通过力学实验表明，层理面发育的页岩抗剪强度和剪切面的破裂形貌均表现出明显的各向异性。闫传梁等（2013）的研究结果表明，当钻井液侵入页岩时，层理面会比岩石基体更容易受到破坏，层理面的黏聚力迅速降低，导致页岩破裂。

当页岩的层理角度从 0° 变化到 90° 时，单轴抗压强度先减小后增大，在层理角度均为 60° 时取最小值。不同层理页岩的破裂见表 3–1。

表 3–1　不同层理页岩的破裂区别

层理角度（°）	破裂形状	破裂原因	控制因素
0	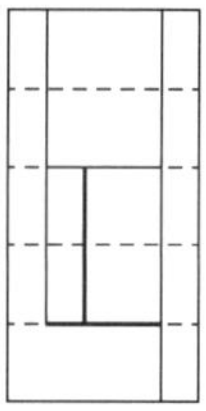	穿越基质和层理弱面的劈裂张拉破坏	基质和层理弱面
15～30	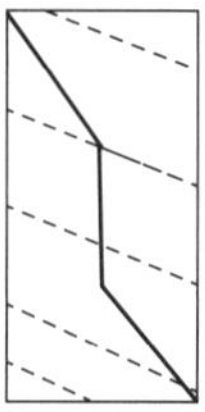	局部顺层理弱面和局部穿越层理面的复合张剪破坏	基质和层理弱面
45	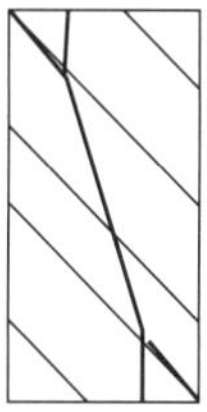	局部顺层理弱面和局部穿越基质、层理弱面的复合张剪破坏	基质和层理弱面

续表

层理角度（°）	破裂形状	破裂原因	控制因素
60～75		沿层理面的剪切滑移破坏，试样两端局部穿越基质	层理弱面
90		顺层理弱面的劈裂张拉破坏	层理弱面

3）水敏性强

水敏性是指岩石在水的作用下会膨胀。在整个水化膨胀过程中，起主要作用的是黏土矿物。各学科学者从不同角度如黏土组成、基本结构、晶体光学性质等方面对黏土矿物进行了大量的研究（唐文泉，2011）。黏土水化前期以化学吸附为主，后期则以物理吸附为主。粒径相同的黏土矿物的比表面积越大，总吸水量也越大。

有学者研究了黏土膨胀与水化程度的关系。黏土水化可分为表面水化和渗透水化，水化初期为表面水化，后期以渗透水化为主。表面水化的特点是黏土颗粒发生晶格膨胀，其吸附水厚度不超过四个水分子层，膨胀程度较小，膨胀初期动力主要是表面水化能；黏土发生表面水化一段时间后，晶层之间阳离子浓度会大于外来流体的浓度，水分子开始渗入层间，晶层间距增大，发生渗透水化，渗透压力和双电层的排斥力是该水化阶段主要的驱动力，渗透水化会形成扩散双电层，产生的膨胀体积远大于晶格膨胀。

2. 页岩油储层特征对井壁稳定性的影响

页岩油储层（致密油储层）的诸多物理力学特征对钻井造成了很大的困扰。

页岩油储层（致密油储层）孔隙结构复杂，有效孔隙度低，裂缝发育，影响储层的储集能力和渗流能力，对钻井工作也造成一定影响，容易引发坍塌漏失事故。

页岩油储层（致密油储层）的各向异性等特征给钻进工作带来了很大的不便。页岩体中发育的层理面为地层中的薄弱面（致密油储层的薄弱面为层状泥质），其胶结程度较弱，极易导致井壁垮塌和井下漏失。

页岩油储层（致密油储层）水化膨胀后会降低岩石强度，井壁附近应力发生变化，最终导致坍塌压力增大，安全密度窗口变窄。若提高钻井液密度，则会使页岩水化膨胀加剧，坍塌压力进一步增大，直至井壁失稳。页岩水化膨胀后还易剥落、掉块，产生大

量岩屑；如果不能及时返出，会给钻井工作带来极大不便，导致卡钻等事故的发生。

二、页岩井壁失稳机理研究

页岩油储层（致密油储层）的各向异性、水敏性强等特点，导致在页岩地层钻井时容易出现井壁失稳事故。结合现场资料发现，其主要表现方式为井壁坍塌、漏失与卡钻等。

1. 地层坍塌机理研究

页岩地层坍塌的方式有应力坍塌和层理坍塌两种。

应力坍塌是指井筒压力小于坍塌压力，从而导致井壁失稳；层理坍塌是指钻井液渗入地层使页岩内部膨胀，导致层间的胶结力降低，页岩逐渐被破坏，最终造成井壁失稳（袁俊亮等，2012；马天涛等，2014；曹文科等，2017）。

1965 年，国外学者 Chenevert 研究页岩的层理性和各向异性发现层理面与页岩轴线夹角的不同，页岩的力学性质会发生变化。层理面与页岩轴线的夹角为 90° 时其岩石强度最高；层理面与页岩轴线的夹角介于 20°～30° 时，其岩石强度最低。Aadony（1987）通过 Chenevert 的数据研究了井壁的稳定性。当井斜角介于 10°～40° 时，地层的各向异性对坍塌压力影响较大。Anthony、Crook 等（2002）建立了层理性地层的各向异性三维正交弹塑性本构方程，方便了井壁稳定的计算。Yamamoto（2002）采用二维离散元法，分析了钻井液入侵层理面造成的剪切破坏及层理面对井眼的影响。

国内对于页岩的研究起步较晚，金衍等（1999）、刘向君等（2002）针对页岩的层理性提出了弱面理论。该理论表明，在相同条件下，岩石的弱面稳定性明显低于岩石本体的稳定性，弱面的存在使井壁相对容易失稳。弱面地层的走向、倾向，弱面的摩擦系数都对井壁稳定性有着明显的影响。金衍等（2011）对裂缝性地层水平井井壁稳定性进行了分析，并认为水平井的最优方位需要考虑裂缝分布，有助于保持井壁稳定。卢运虎等（2012）考虑了渗流的影响，并采用弱面法则分析了弱面地层的井壁稳定性。邓金根等（2013）以弱面法则为基础，建立了页岩井壁稳定力学模型，研究了井斜角和井眼方位角对坍塌压力的影响规律。致密岩的弱面为层状泥质，失稳机理与页岩较为相似。

2. 地层漏失机理研究

页岩地层的漏失类型主要是裂缝型漏失。

在外力的作用下，页岩地层易沿微裂缝或层理面破坏，出现漏失。如果页岩微裂隙发育，也易发生破裂，使得井壁失稳；在钻井过程中，钻井液会沿微裂缝或层理面渗入页岩内部，使页岩水化和分散，降低页岩的结合强度和层理面之间的结合力，导致页岩沿微裂缝或层理面裂开，造成井壁漏失。如果钻井液滤失量过高，井壁会发生剥落、掉块等复杂事故，严重阻碍钻井的顺利进行。对此，研究如何解决漏失问题对钻井的井壁稳定具有重要意义。

1990 年，Morita 等研究现场数据结果后，发现通过封堵微裂缝有利于提高地层的漏失压力。Alberty 等提出往裂缝中加入大颗粒固相材料有利于提高地层承压能力。工业众等（2007）、刘加杰等（2007）总结了裂缝性漏失控制机理及提高承压能力的研究进展。Mehdi 等（2010）的研究结果表明强化井周应力也能提高地层承压能力。

3. 卡钻机理研究

卡钻事故是水平钻井作业施工当中最常见的事故之一，严重影响了钻井工作的顺利进行。通过分析卡钻机理，可以预防卡钻事故的发生。根据不同机理，卡钻主要分为坍塌卡钻、缩径卡钻和“泥包”卡钻三种类型。

1）坍塌卡钻

坍塌卡钻的主要特点为当钻井施工作业导致坍塌时，如果坍塌层的位置与钻进层一致，则会使钻进发生困难，泵压不断升高，扭矩持续变大。如果坍塌层的位置位于钻进层的上部，则会使泵压异常上升，钻头在上提和下放的过程当中，都会遇到阻力，钻头上提之后，泵压基本维持不变，井口处钻井液的返排量很小，甚至无钻井液返排。导致井壁坍塌的主要原因有以下三点：

（1）地质原因。

井深不同，地层岩石的沉积环境、矿物组分、埋藏时间、胶结程度及压实程度均不一样，在最薄弱处可能发生坍塌卡钻。

（2）物理化学原因。

导致井壁坍塌的原因主要有页岩的水化膨胀、毛细管作用及流体静压力等。当使用水基钻井液时，页岩遇水发生水化膨胀，降低岩石强度，井壁稳定性变差，自由水还会从页岩层理面渗入页岩内部，降低页岩胶结强度，综合作用导致井壁坍塌，引发卡钻事故。

（3）钻井设计原因。

当水平主应力小于垂直主应力时，井壁的稳定性将随着井斜角的增大逐渐降低；当在平行于最大水平主应力方向进行钻井时，井壁稳定性最差；在最大水平主应力与最小水平主应力方向交叉部分钻井，井壁稳定性最好。

2）缩径卡钻

缩径卡钻往往出现于水敏性强的地层井段。如果钻井液的抑制性能不足以满足要求，岩石水化膨胀，井径变小，易引发卡钻事故。

或者当钻进倾角相对较大时，井壁处的应力会发生改变，地层发生不规则塑性形变，出现小井眼井段，最终导致缩径卡钻。

3）“泥包”卡钻

钻进时，滤饼和岩屑附着在钻头或稳定器上，达到一定程度后，钻具被包成一个圆柱状活塞而引起卡钻，这种事故被称为“泥包”卡钻。导致“泥包”卡钻发生的原因主要有两点。

（1）地质原因。

页岩在水的作用下发生分散、剥落、掉块，上返时附着在钻头或稳定器上，并通过压实作用形成滤饼，引起“泥包”卡钻。

（2）钻井液性能较差。

钻井液抑制性较差，无法抑制泥页岩水化分散的程度，体系中固体组分含量升高，钻井液黏切力增大，岩屑难以离开井筒底部，附着于钻头表面，引起“泥包”卡钻。

钻井液润滑性较差，无法在钻头表面形成有效的保护层，固体物质黏附于钻头表面，引起“泥包”卡钻。

钻井液悬浮岩屑的性能较差，无法起到对井眼彻底清洗的效果，导致岩屑长时间停留于井眼内，并附着在井壁的内表面与钻头表面，之后逐渐沉积导致“泥包”卡钻。

4. 井壁稳定力化耦合机理研究

井壁稳定最先是从力学角度出发进行研究的，随着进一步深入，发现页岩水化作用也是井壁失稳的关键性因素之一。Chenevert（1970）发表了从力化耦合角度研究井壁稳定性的文献。文中考虑了含水量对地层参数的影响，给出了柱坐标下的吸水量方程。其中弹性模量随着含水量的不同而发生变化，描述这一变化的函数的常数项可以由实验测定；而吸水量对泊松比的影响不大。他建立了水化膨胀应变和总含水量的函数关系式，该关系式系数也可以通过实验求得。最后，将求得的岩石力学参数、关系式系数和破坏强度值代入到平面应力应变关系中进行求解，就能够得到基于力化耦合机理而计算出的泥页岩应力、应变和位移。Mody（1993）通过室内实验研究了化学势对泥页岩稳定性的影响，提出了活度平衡理论，泥页岩可以看作是非理想半透膜，泥页岩与水基钻井液作用时可选择性地阻缓离子的传递，并产生水化渗透压。国内的程远方（1993）、黄荣樽（1995）、邱正松（2007）、王京印（2007）先后基于活度理论，进行页岩力学性能参数同含水量之间关系的研究。他们根据多孔介质渗流力学基础原理分析了泥页岩井壁周期性坍塌机理，建立了井眼周围地层力化耦合压力分布的数学模型，得出了打开井眼之后不同时间段的坍塌压力，还对钻井液性能参数选择与保持页岩地层井壁稳定性的关系进行了分析，并研究了井眼周围泥页岩地层的地层强度参数在钻井液作用下的变化规律。通过这些理论研究，就能够计算出在某一特定钻井液密度条件下页岩井壁发生剪切破坏的确切时间，同时也可以对不同的钻井液体系进行优化选择，能够有效地保障现场施工安全。

5. 钻井液影响井壁机理研究

根据钻井现场事故数据统计，在长水平段钻井中，经过页岩（砂岩、碳酸盐岩等）地层时，容易发生坍塌、漏失、卡钻等复杂情况，摩阻扭矩增大、携岩困难也时有发生。这些由井壁失稳造成的事故约占总事故的70%。当钻井液进入地层时，会与页岩发生相互作用，改变了地层孔隙压力和页岩强度参数，最终影响到页岩的稳定性，具体影响井壁的方式有以下五种：

（1）钻井液侵入地层，改变了黏土层间水化应力的大小，使页岩内部水化膨胀，导致页岩地层局部拉伸破坏；

（2）钻井液通过裂缝或层理侵入页岩内部，降低页岩的胶结性，最终页岩内部的力学平衡被破坏，导致页岩碎裂；

（3）钻井液通过孔隙裂缝漏失，轻则浪费大量的防漏、堵漏材料，重则延误防漏、堵漏的最佳时机，导致重大钻井事故；

（4）在长水平段钻进时，钻具与井壁摩擦力大，钻头扭矩大，如果钻井液的润滑、防卡性能达不到要求，那么很容易发生卡钻等事故；

（5）水平段的岩屑由于自身的重力下沉效应，导致携岩困难，容易形成岩屑床，井眼难以清洁，进一步增加了摩阻、扭矩和井下事故的发生概率。

三、井壁稳定技术简介

要保持页岩（砂岩、碳酸盐岩等）地区的井壁稳定，达到正常钻进的标准要求，目前的主要手段是减少钻井液过多地渗入地层，抑制页岩（砂岩、碳酸盐岩等）的水化膨胀作用，加强钻井液的润滑性能、携砂能力及清洁作用，从而减少井壁坍塌漏失等事故的发生概率。

1. 钻井液优选技术

针对地层具体情况，依据所钻地层的坍塌压力与破裂压力来确定钻井液密度，然后选择合适的钻井液及配制正确的钻井液密度，保持井壁处于力学稳定状态，防止井壁发生坍塌或塑性变形。

2. 防塌堵漏技术

对于层理、孔隙和微裂缝较发育、地层胶结差的水敏性页岩（砂岩、碳酸盐岩等）地层，滤液进入后会破坏页岩的胶结强度。钻井液滤液极易进入微裂缝，破坏原有的力学平衡，导致岩石的碎裂，近井壁含水量和胶结程度的变化会改变地层的强度，并使井眼周围的应力场发生改变，引起应力集中，井眼未能建立新的平衡而导致井壁失稳。

防塌堵漏技术是以研制新型材料为主，阻止滤液进入裂缝和孔隙，加强地层胶结强度，以达到防塌堵漏的目的。针对页岩地层，目前常用的有桥接堵漏材料、高失水堵漏材料、暂堵材料、化学堵漏材料、无机胶凝堵漏材料、软硬塞堵漏材料、高温堵漏材料和复合堵漏材料。

3. 页岩抑制技术

采用物理化学方法阻止或抑制地层岩石的水化作用。通过降低钻井液的活度使其不大于地层水的活度，提高钻井液滤液的黏度，降低钻井液的滤失量和滤饼渗透率。

国内外一般选择聚胺、铝酸盐络合物或其他特殊的高性能页岩抑制剂从而提高钻井液的抑制性，阻止滤液进入页岩地层，防止页岩吸水、强度降低。现场施工时，可对振动筛钻屑和滤失量进行实时监测，随时调节抑制剂的加量。

4. 润滑防卡技术

水平井随着水平位移段的增加会极大地增大摩阻和扭矩，严重影响井眼轨迹控制等正常钻井作业；高密度条件下，液柱压力与地层压力之差较大，产生使钻柱向井壁的推靠力，形成压差卡钻；大斜度长水平段井眼洗井效果差易形成岩屑床；井壁坍塌、掉块

容易产生砂桥卡钻；井眼周围由于应力不平衡产生井眼变形，导致摩阻扭矩增大。

目前一般通过优选高性能润滑剂，尤其是适用于高密度水基钻井液的润滑剂，同时复配防“泥包”添加剂，从而降低摩阻、提高机械钻速。国内外对此专门研制了纳米级石墨烯等润滑产品，并已实现现场应用。

5. 携岩洗井技术

在水平井施工中，钻屑在井眼中的运行轨迹与直井不一样。由于井眼倾斜，岩屑在上返过程中将沉向井壁的下侧，堆积起来形成岩屑床，特别是在井斜角为 45°～60° 的井段，已形成的岩屑床会沿井壁下侧向下滑动，形成严重的堆积，从而堵塞井眼。

因此，一方面，可通过加入流型调节剂或适当增加膨润土含量提高钻井液的动塑比和低转速下的有效黏度，改善环空钻井液携岩效果，增强钻井液悬浮和携岩能力。另一方面，要通过优化筛选其他处理剂包括加重剂，提高整个钻井液体系的沉降稳定性和抗伤害能力，最终保持钻井液体系长效稳定的流变性，确保其良好的井眼清洁能力，减少卡钻等事故的发生概率。

第二节　页岩油水平井钻井液发展及应用现状

在水平井开发页岩油藏资源的过程中，经常使用的钻井液主要有油基钻井液、水基钻井液和合成基钻井液三种体系。

一、油基钻井液

油基钻井液是一种以油为外相、水为内相，并添加适量的乳化剂、润湿剂、亲油胶体和加重剂等所形成的稳定乳状液体系。通过调节油水比及其他处理剂来满足不同地层的性能要求。

1. 优点和缺点

油基钻井液性能稳定，抑制能力强，有利于井壁稳定；润滑性能好，有效降低摩阻与卡钻等事故的发生；热稳定性好，在高温、高压条件下滤失量低；抗污染能力强（盐、膏、固相及 CO_2、H_2S 气体污染）；抗腐蚀性强；有利于保护储层。在页岩地层钻井中，这些优势相当明显。

油基钻井液成本相对较高，环保性差，后勤保障工作量大；容易影响油气的有效探测，对录井作业造成一定的影响。

2. 国外研究现状

1920 年，国外学者就已开始研究油基钻井液，尝试将原油当作钻井液用来钻井，以减少钻井事故。虽然能够在一定程度上减少井壁坍塌、卡钻等问题；但是它又带来了许多新问题：原油组分多且复杂，流变性变化较大，且不易控制。原油具有假塑性流体的特性，切力较小，在钻进过程中无法悬浮重晶石；原油中的轻组分易挥发，易着火，易造成事故。

1939 年，国外学者尝试用柴油代替原油作为连续相，制备出全油基钻井液。

1950 年，国外学者将全油基钻井液的组分进行适当的变化，制备出油包水乳化钻井液，配制成本降低。油包水乳化钻井液不易着火，还能通过控制水相活度提高井壁稳定性。

1975 年，学者配制出低胶质油包水钻井液，配制成本进一步降低。该体系能有效提高钻速，但滤失量较大，导致对储层的伤害较大。

1980 年，过多的油基钻井液使用导致环境污染较为严重，低毒油包水乳化钻井液（鄢捷年等，1993）开始受到关注并得到发展。它的生物毒性低，可有效防止钻井液伤害地层。

21 世纪初，国外配制出油基泡沫钻井液和无有机胶体的弱凝胶钻井液（Grow cock 等，2003；Frederick 等，2004）。油基泡沫钻井液很好地解决了开发老油气田的易漏失和压差卡钻问题。弱凝胶油基钻井液可形成优质滤饼，有效降低漏失和滤失。

国外对油基钻井液体系研究已经非常成熟，广泛应用于现场作业。哈里伯顿公司（孙金声等，2005）研制出超低密度全油基钻井液，可有效减少钻井液与地层的压差。贝克休斯公司研制出 INTOIL™ 全油基钻井液（周仕明，2004），滤失量低，采用的无毒润湿剂对地层伤害小。MI 能源公司研制出高密度油基钻井液和低温恒流变钻井液（Knut 等，2004；Oort 等，2004），前者固相含量低、悬浮能力强，可解决现场重晶石沉降的现象，后者可有效减少温度对钻井液性能的影响。

3. 国内研究现状

中国从 1980 年开始研究油基钻井液，由于技术不成熟，研究进度较缓慢。直到页岩油藏资源的勘探开发迅速发展，使得国内开展了油基钻井液体系及配套技术的研究和应用。

1950 年，在玉门油田首次应用油基钻井液提取岩心，效果良好。

1970 年，在华北油田打探井时，由于存在大段复杂盐膏层，水基钻井液无法到达目的层，使用低密度水 / 油（W/O）乳化钻井液，顺利完成井深 5109m 的深探井。

1985 年，在新疆、塔里木和吐哈等地区使用油包水钻井液进行探井取心，效果良好。随着深水钻井、页岩气钻井等特殊井的出现，油基钻井液开始受到重视，并且迅速发展成熟。

1990 年，中国石化勘探开发研究院制备出一种低毒油包水钻井液，并顺利钻完卫 2–25 井。

2000 年，中国石油大庆石油管理局钻井研究所制备出一种油包水钻井液体系（于兴东等，2001），在 220℃下性能稳定。

2007 年，中国海油开发的封堵性白油基钻井液体系（胡文军等，2007），可有效抑制地层中强水敏性的泥页岩。

2011 年，中国石油开发的环保型白油基钻井液（刘绪全等，2011），具有良好的流变性、高温稳定性，抗水侵、抗劣土侵。

目前，国内对柴油基钻井液、白油基钻井液等体系的研究比较成熟，中国石油大学（北京）、中国石油大学（华东）、西南石油大学、长江大学等石油院校及科研单位也一直在进行油基钻井液的研究，并取得了良好的成果。

4. 常用油基钻井液体系

在页岩油藏开发中，常用的油基钻井液主要有柴油基钻井液、白油基钻井液和气制油基钻井液。

1）柴油基钻井液

钻进过程中，页岩地层情况复杂多变，而柴油基钻井液抗高温、高压稳定性好，可有效避免钻井液不稳定的情况发生。

Mas 等制备出 INTOL™100％油基钻井液（Mas 等，1999），其配方为：柴油／矿物油 +2～6μg/g 聚合物添加剂 +2～12μg/g 有机膨润土（锂皂石）+2～6μg/g 乳化剂 +4～10μg/g 石灰 + 润湿剂 + 重晶石 + 碳酸钙。该体系的动塑比高，其流变性和水基钻井液相似，在 204℃高温下性能稳定，该钻井液已在 Coporo-12 井应用，效果良好。

孙明波等制备出新型生物柴油钻井液（孙明波等，2013），其配方为：生物柴油 +3％有机土 +1.5％乳化剂 SP-80+1％乳化剂 OP-10+2％有机褐煤 +2％油溶树脂，该钻井液性能稳定，流变性、携岩效果好，具有良好的抗高温（180℃）和抗水侵（10％淡水或 10％饱和盐水）、钙侵（3％钙离子）、劣土侵（10％钠膨润土）能力，在渤页平 1-2 井成功应用，效果显著。

何涛等制备出一种全油基钻井液（何涛等，2012），其配方为：柴油 +3.5％有机土 +10％ $CaCl_2$ 水溶液（体积比为 20％～40％）+4％～6％主乳化剂 +1％～2％辅乳化剂 +2％～3％降滤失剂 +1％～3％塑性封堵剂 +0.5％～1％润湿剂 +1％～2％ $CaCO_3$（粒径为 0.043mm）+2％～3％ $CaCO_3$（粒径为 0.030mm）+1.0％～1.5％氧化钙离子重晶石。该体系密度为 1.30g/cm^3，抗温抗压稳定性良好，在温度 90℃、压力 3.5～4.5MPa 条件下的滤失量为 0，已应用成功于威远地区的页岩气水平井。

梁文利等制备出一种柴油基钻井液，其配方为：柴油 +25～30kg/m^{3}HIEMUL 主乳化剂 +15～20kg/m^{3}HICOAT 辅助乳化剂 +0～250kg/m^{3}HIFLO 降滤失剂 +10～15kg/m^3 HIWET 润湿剂 +15～20kg/m^{3}MOGEL 增黏剂 +25～30kg/m^3 石灰 +25～30kg/m^{3}HISEAL 封堵剂 +26％水溶液的 $CaCl_2$ 盐水 + 重晶石粉。该体系在焦石坝页岩气区块的 200 余口井成功应用，完井电测、下套管均一次性成功，井径规则，井径扩大率低，固井质量优秀。

2）白油基钻井液

白油基钻井液抑制、封堵防塌能力强，滤失量低，流变性好，避免了页岩井壁垮塌等问题。

Taugbol 等（2005）制备出一种 MBS（微细重晶石）油基钻井液，其配方为：白油 +1825kg/m^3 微细重晶石 +50kg/m^3 乳化剂 +10kg/m^3 有机土 +20kg/m^3 石灰 +15kg/m^3 氯化钙溶液 +12kg/m^3 降滤失剂。该体系循环当量密度较小，在温度 175℃、压力 96.5MPa 条件下，塑性黏度为 36mPa·s，滤失量仅为 3.8mL。该体系在挪威国家湾（Statfjord）油田成功应用。

Fossum 等（2007）制备出一种低固相油基钻井液（LSOBM），其配方为：白油 +30kg/m^3 乳化剂 +10kg/m^3 液态树脂有机物降滤失剂 +10kg/m^3 优质有机土 +161kg/m^3 清水 +362kg/m^3 溴化钙盐水 +10kg/m^3 石灰 +120kg/m^3 白云石 +20kg/m^3 石墨。该体系使用密度较大的溴化钙盐水溶液，并使用液态树脂有机物替代了天然沥青作为降滤失剂，对地层的封堵性强，渗透率恢复值高。

蓝强等（2010）制备出一种无黏土全油基（CFLD）钻井液，其配方为：5 号白油（基液）+2.5%增稠剂 ZCJ–1+0.5%增黏剂 OSW–1+0.5%表面活性剂 +1%亲油性碳酸钙 LD–1000C+0.5%氧化钙 +2.0%降滤失剂 FLC2000。该体系在 120℃下滚动 16 小时后，岩屑滚动回收率高达 99.5%。CFLD 钻井液对页岩的抑制性好，有利于井壁稳定。

高远文等（2016）制备出一种耐高温高密度全白油基钻井液，其配方为：白油 + 水（油水比为 95：5）+3.0%有机土 +0.3%～0.5%有机土激活剂 +1.0%抗高温提切剂 +0～2.0%乳化剂 +1.0%润湿剂 +1.0%聚合物降滤失剂 +5.0%有机褐煤 GW–JLS+0.5%生石灰 +5%超细钙 + 加重剂。该体系密度最高可达 2.4g/cm^3，在 220℃高温条件下性能稳定，抗污染能力强。当储层岩心被高温、高密度全白油基钻井液伤害后，渗透率恢复值均大于 90%，说明体系具有优良的储层保护性能。

张欢庆等（2016）制备出环保型白油基钻井液，其配方为：95%白油 +5%水（20% $CaCl_2$ 水溶液）+5%有机土 +3%主乳化剂 +1%辅乳化剂 +2.5%润湿剂 +4%降失水剂 +2% CaO+3%沥青 + 石灰石。该体系性能稳定，耐高温—抗污染能力强，成功在牙哈试验 2 口井，在哈得试验 1 口井，其中最长水平段 900m。进行起下钻及下套管等井下作业时非常顺利，且取样检测渗透率恢复值在 90%以上。

3）气制油基钻井液

气制油基钻井液运动黏度低，携带能力强，能避免钻进过程中遇阻、钻速减慢，提高钻速，近年来研究逐渐增多。

王茂功等（2012）制备出一种气制油基钻井液，其配方为：0.32～0.36m^3 气制油 +0.04～0.08m^3 水 +15～25kg/m^3 主乳化剂 +15～25kg/m^3 辅乳化剂 +6～12kg/m^3 有机土 +20～25kg/m^3 降滤失剂 +18～30kg/m^3 氯化钙 +12kg/m^3 石灰 + 重晶石。该体系流变性好、滤失量低，在温度 150～220℃下具有较高的电稳定性，且不会出现重晶石沉淀。

蒋卓等（2009）制备出一种全油气制油基钻井液，其配方为：气制油 +30g/cm^3 有机土 +20g/cm^3 乳化剂 +5～10g/cm^3 润湿剂 +25g/cm^3 增黏剂 +10g/cm^3 提切剂 +10g/cm^3 降滤失剂 +5g/cm^3 氧化钙 + 加重剂。该体系采用低毒、易生物降解的气制油作基液，对环境友好，还具有优良的储层保护特性，其渗透率恢复值高达 95%以上。高温高压滤失量低，滤饼质量好，具有强的抑制性，有利于井壁。

罗健生等（2009）制备了一种气制油合成基钻井液，其配方为：气制油 +3%～4%乳化剂 +0.5%润湿剂 +1.5%～2%氧化钙 +2%有机土 +30%氯化钙水溶液 + 重晶石。该体系易被生物降解，对环境友好，形成的滤饼容易清除，岩心渗透率恢复值大于85%，对储层保护效果较好。且抑制性好、润滑性强，高温、高压滤失量低，塑性黏度较低，可有效提高机械钻速。

二、水基钻井液

水基钻井液是一种以水为分散介质，以黏土（膨润土）、加重剂及各种化学处理剂为分散相的溶胶悬浮体混合体系。

1. 优点和缺点

相比于油基钻井液，水基钻井液成本低，对环境影响小，温度对流变性影响较小，遇井漏等事故容易处理。

水基钻井液通过地层裂隙、裂缝和弱面到达页岩内部后，会与页岩相互作用，从而改变页岩的孔隙压力和力学强度，最终影响页岩的稳定性，造成井壁坍塌、漏失等问题。且由于其本身润滑性较低，在大斜度长水平段井眼容易形成岩屑床，导致钻井摩阻增加、携岩困难、井眼难以清洗等问题。

2. 国外研究现状

页岩油藏资源储量丰富，带动了勘探开发技术的迅速发展。在当今全球环保意识不断提高的同时，勘探开发技术也逐渐向“安全、环保、高效”的方向发展。相比于油基钻井液，水基钻井液具有成本低、对环境影响小的天然优势，正好符合这一发展理念，所以大量学者以此为目标，对页岩水基钻井液进行了基础理论研究和技术应用推广，并获得了一定的成果。例如国外公司制备出稀硅酸盐钻井液和PEG钻井液体系、贝克休斯公司研发的LATIDRILL™钻井液体系，都是专为页岩气大位移水平井钻井设计的钻井液体系，该体系的性能接近甚至超过油基钻井液的性能。

根据页岩地区复杂多变的地质情况，M-I Swaco能源公司研制出多种环保型高性能水基钻井液体系（黄浩清，2004），常见的有ULTRA-DRIL体系、KLA-SHIELD体系和Hydra Glyde体系。新型的井壁稳定水基钻井液体系ULTRA-DRIL，加入了一些新研制的处理剂，有页岩稳定剂ULTRAHIB、聚合物包被剂ULTRACAP和钻速增效剂ULTRAFREE等，该体系成功应用于环境敏感地区的高活性页岩钻井中。应用结果表明，该体系毒性小，可循环使用，钻井作业中产生的钻屑可直接排放，大幅降低了钻井成本。该体系还具有优良的抑制性、润滑性、井眼净化能力和提高机械钻速，保证了钻进的顺利进行。KLA-SHIELD体系采用的新型处理剂有液体聚胺页岩抑制剂KLA-STOP、聚合物包被抑制剂IDCAPD、架桥剂SAFE-CARB、两种润滑剂LO-TORQ和LUBE-776等，已成功应用于北美阿拉斯加州页岩区块，效果良好。Hydra Glyde体系采用的新型处理剂有低分子量聚合物包被剂Hydra Cap、胺基页岩抑制剂Hydra Hib和钻速改进剂Hydra Speed等，已在得克萨斯州的沃尔夫坎普（Wolfcamp）页岩区块成功应用，平均提高钻速21%，降低摩阻22%。

哈里伯顿公司研制出HYDRO-UADR™高性能水基钻井液（Montilva等，2007），该体系包含聚胺盐和铝酸络合物，对页岩的抑制性较强。添加的快钻剂可有效防止钻头“泥包”、可变形聚合物封堵剂可有效填充页岩的孔隙和裂缝。室内实验与现场试验表明，该体系可在井壁上形成薄而光滑的滤饼，具有良好的井眼稳定性、较高的机械钻速，且在较大的温度范围内具有较好的流变性，其中成分易被生物降解，对环境影响小，是一种环保型钻井液。该体系已成功应用于沙特阿拉伯、非洲、墨西哥湾等地的活性泥页岩地层。而针对部分页岩钻井研发出 SHALEDRIL 系列水基钻井液，它具有超低的固相含量，可降低固相侵入和孔隙堵塞，具有较好的储保作用；其专有的凝胶结构有效地提升了钻井液携岩和密度控制能力；还研发了适于高温高压井高黏隔热钻井液，可减小对地层的伤害、提高油生产能力、保护套管。

贝克休斯公司研发的 LATIDRILL 页岩水基钻井液体系（李东杰等，2017），可与其他常规水基钻井液配合来抑制黏土水化，可在高温、高压条件下附着在钻具和钻屑表面来提高钻速，其整体性能及稳定性可媲美油基钻井液体系，还大幅降低了清理附油钻屑的时间。

纽帕克资源（Newpark）公司制备出一种环保型水基钻井液 Evolution^{R} 体系（Redburn 等，2013），该体系不包含黏土，采用的新型处理剂主要有环保型润滑剂 EvoLube^{R}、流型调节剂 EvoMod^{R} 和聚合物增黏剂 EvoVis，已经成功应用于加拿大、北美密西西比河、海恩思维尔（Haynesville）的页岩区块，使用结果表明，该体系钻速和润滑性能接近油基钻井液。纽帕克资源公司还制备出一种硅酸盐水基钻井液体系 F1exDrill^{TM}，该体系采用一种 0.5%～1.5% 无水硅酸钾粉末，在现场即可配制，大幅节约运输成本，且对环境影响小，返出的钻屑可直接排放。

3. 国内研究现状

2012 年，张军等引入国外的抑制剂、封堵剂、降滤失剂等多种高效处理剂，制备出一种高性能水基钻井液体系，并成功应用于新页 HF-1 井。结果表明，该体系具有良好的封堵性、润滑性和流变性能，很好地解决了川西须五段页岩微裂缝发育、页岩易水化膨胀坍塌等问题。

2013 年，中国石化何振奎报道了一种用于泌页 2HF 井的强抑制强封堵水基钻井液，该体系在泌页 2HF 井中使用时，可有效控制钻井液的黏度和切力，解决了泥页岩易水化膨胀、易造浆的问题，防止了钻头“泥包”、托压等事故的发生。

同年，张衍喜等针对页岩油气大段泥页岩的地质特性，制备出一种强抑制性水基钻井液体系。该体系以聚合物、有机胺等具有强抑制性的处理剂为主，以纳米级乳液、聚合醇、铝胺聚合物、沥青类产品为强封堵性处理剂为辅，加入高效润滑剂，形成铝胺聚合物润滑防塌钻井液体系，具有强抑制性能、封堵性能和良好的润滑性，基本能够满足非常规钻井的需要。

2014 年，闫丽丽等制备出一种多硅基强封堵水基钻井液，该体系具有流变性稳定、井壁封固能力强、润滑性好、强抑制、环境友好等特点，在页岩油气藏水平井——东平 1 井成功应用，钻进过程中井眼稳定、起下钻畅通，相比于油基钻井液，

成本大幅度降低。

2015年，中国石油针对页岩易垮塌破碎并导致钻井摩阻增大等问题进行了研究，成功制备出两套在页岩地区使用的水基钻井液体系CQH–M1和DRHPW–1（王森等，2013），通过不断调整和改进，最终成功应用于四川长宁威远区块和昭通区块的数口页岩气水平井，效果良好。这是国内首次在页岩气长井段水平井（水平段均超过1500m）使用高性能水基钻井液并作业成功。

CQH–M1高性能水基钻井液体系在威远、长宁区块共开展了9井次现场试验应用，应用井深5250m，井温最高130℃，穿越页岩进尺最长2238m。该体系具有无土相、高效封堵、复合抑制等特点，使用效果明显，井壁保持稳定，钻进非常顺利。

DRHPW–1高性能水基钻井液体系的基本配方为：1%～2%膨润土浆+0.2%～1%流型调节剂+2%～4%降滤失剂+2%～3%成膜降滤失剂+2%～4%微米（纳米）级封堵剂+2%～5%抑制剂+3%～5%复合无机盐+2%～5%高效液体润滑剂+1%～2%复合固体润滑剂+0.2%～0.5%分散剂+重晶石。与国外公司的高性能水基钻井液相比，该体系具有强抑制、强封堵、润滑性和热稳定性，流变性比较稳定，降滤失效果好，并成功在昭通区块页岩气水平井进行全井应用，效果显著，满足页岩水平井水基钻井液现场施工的设计要求。

开发页岩油藏资源的难点在于油基钻井液成本高、对环境影响大，而水基钻井液的研究与应用给中国带来了一个新的技术发展广向。水基钻井液满足页岩油藏开发的环保要求，可有效降低开发成本，通过不断发展和完善，在未来将会逐渐替代油基钻井液。

4. 常用水基钻井液体系

在页岩油藏开发中，常用的水基钻井液主要有硅酸盐钻井液体系、甲酸盐钻井液体系、聚合醇钻井液体系和甲基葡萄苷钻井液体系。

1）硅酸盐钻井液体系

硅酸盐钻井液体系的防塌效果明显。该体系主要从三个方面改善泥页岩地层：硅酸盐钻井液中的胶体及细微颗粒，会渗透进入泥页岩地层，填充并封堵地层孔隙及微裂缝；硅酸盐钻井液中SiO_3^{2-}能够与泥页岩地层中Ca^{2+}、M^{2+}结合，产生的沉淀物会覆盖在泥页岩表面，在一定程度上阻挡钻井液的漏失；当地层水pH值较低时，高pH值硅酸盐钻井液中的硅铝组成进入地层后会发生化学变化，出现凝胶现象，提高硅酸盐钻井液的抑制性。已在塔里木油田、大庆油田、大港油田等成功应用。

硅酸盐钻井液体系的一般配方为：3%膨润土+5%硅酸钠+1.5% $NaCO_3$+0.5MV–CMC，该钻井液体系塑性黏度和动切力较低，高温、高压滤失量及API滤失量较低。

于志纲等（2012）制备出一种硅酸盐防塌钻井液，其配方为：2%～3.5% NV–1+5%～7% Na_2SiO_3+0.1%～0.2% XC+1%～2% PAC–LV+1%～2% SMC+1%～2% SPNH+1%～2%微米级封堵材料FGL+3% KCl+重晶石。该体系成功应用于川西地区ZX31井。经过泥页岩层段时，钻井液整体性能稳定，没有出现掉块和阻卡情况，钻进顺利，说明该体系具有良好的防塌封堵性。

王京光等（2013）制备出一种强抑制无土相防塌硅酸盐钻井液，其配方为：2% G304-NFT（泥页岩抑制剂）+0.3% PH-PA+0.2% PAC-HV+0.1% XCD+0.3% PAC-LV+3% FT-1。该体系在长庆地区的靖平33-1井、靖平34-11井等多口水平井开展了现场试验。研究表明，对泥页岩抑制性强，钻屑规整，可有效防止钻头“泥包”，抑制防塌效果好，取得了良好的应用效果。

2）甲酸盐钻井液体系

甲酸盐钻井液能够提高地层稳定性的因素有两个：一是经常使用的甲酸盐有HCOONa、HCOOK和HCOOCs，钻井液中含有大量的$HCOO^-$，能够与泥页岩中黏土双电子层中正电荷相吸引，使得黏土层稳定性升高，同时钻井液中K^+、Cs^+取代黏土中的Na^+，使得页岩中黏土水化膨胀能力降低，有利于井壁稳定；二是饱和甲酸盐溶液中自由水较少、活度低，使水分子不易渗透进入地层，降低页岩的水化作用。

甲酸盐钻井液的密度易调节，范围较广（1.00～2.37g/cm^3），具有很好的耐高温性、极强的抑制性和较好的流动性，且对钻井设备的腐蚀性较低，无毒，易降解，对环境影响小。

甲酸盐钻井液体系的一般配方为：2%抗盐降滤失剂+0.15% XC+5% $CaCO_3$+10%甲酸盐，通过室内实验测得，该钻井液体系塑性黏度和表观黏度较低。

李益寿等（2006）制备出一种甲酸盐钻井液，其配方为：1%膨润土+0.2% Na_2CO_3+0.3% NaOH+1.2% NaHPAN+2% FT-1+2% SPNH+HCOONa。该体系对储层的伤害程度低，其中包含的甲酸盐可进行回收和再利用，所形成的滤饼易被清除，在吐哈油田勒平-1水平井和鄯平-1水平井成功应用，解决了大井斜段水敏性地层的坍塌问题，效果良好。

于志纲等（2010）制备出一种可降解甲酸盐钻井液，其配方为：清水+10%～40%甲酸盐+0.2%～0.5%生物聚合物+2%改性淀粉+1%防水锁剂+1%～1.5%超细碳酸钙。该体系具有广泛配伍性、储层保护性好、固相容纳能力强、可降解等特点，能较好地解决井壁稳定与储层保护的矛盾。在四川盆地大邑5井、大邑6井的2口小井眼深井的现场应用表明，甲酸盐钻井液在性能维护、油气层发现、页岩抑制防塌、润滑防卡等方面具有较强的优势。

3）聚合醇钻井液体系

聚合醇钻井液具有油基钻井液的部分特性，对页岩有明显的抑制防塌效果，保持井壁稳定，而且对环境污染小，不影响地质录井工作的效果。

随着温度的变化，聚合醇会出现“浊点”效应（于淼，2017）。当温度低于临界温度时，聚合醇溶于水，表现出亲水性；当温度高于临界温度时，聚合醇不溶于水，具有憎水性。在钻进过程中，地层温度随井深增加而升高，聚合醇中分子链会吸附在钻具及井壁上，形成一层类似于油基钻井液、具有憎水特性的半透膜，阻止钻井液进入地层。当聚合醇钻井液从井筒返排回地面后，由于温度降低，聚合醇分子溶于水，表现出亲水性，可有效减少处理剂的消耗。

常见的聚合醇钻井液体系有阳（阴）离子聚合物或聚合醇体系、聚合醇或者铝复合物体系两种。

肖金裕等（2011）制备出一种有机盐聚合醇钻井液。其配方为：2%～3%膨润土+0.1%～0.2% KPAM+1%～2% LS-2+2%～3%酚醛树脂 JD-6+3%～4%阳离子乳化沥青 SEB+8%～10%有机盐 Weigh2+3%～4%聚合醇 MSJ+3%～4%水基润滑剂 FK-10。该体系具有很强的抑制能力、封堵能力和防塌能力，解决了四川盆地宁 206 井钻到高伽马值碳质页岩地层时的井壁失稳问题。

朱晓明等（2014）制备出铝胺聚合醇封堵钻井液，基本配方如下：6%～10%膨润土+0.1%～0.2%烧碱+0.2%～0.4%聚合物+1%～1.5%无水聚合醇+0.3%～0.5%羟基铝+0.5%～1%有机胺+1%～2%非渗透处理剂+3%～5%阳离子乳化沥青+2%～5%磺化酚醛树脂+0.5%硅氟高效稀释剂+0.5%～2%抗盐钙降失水剂+3%～4%超细碳酸钙。该体系对泥页岩具有良好的抑制能力和封堵能力，可减少钻井事故的发生，成功应用于准噶尔盆地的柴 1HF 井。

4）甲基葡萄糖苷钻井液体系

甲基葡萄糖苷（MEG）钻井液体系的组成成分相对较少，但是其性能接近油基钻井液，可以很好地取代油基钻井液。甲基葡萄糖苷分子具有 4 个亲水性的羧基，容易吸附在页岩井壁表面，然后逐渐在井壁形成一层半透膜。同时，甲基葡萄糖苷环状分子上的 4 个 HO^- 会与水分子形成氢键，在一定程度上能束缚住钻井液中的自由水，使得钻井液中的水分子不易进入地层，减轻页岩的水化作用。甲基葡萄糖苷钻井液表面张力低，容易从地层中返排，减小对储层的伤害（高杰松等，2011）。

王军义等（2006）制备出一种生物聚合物甲基葡萄糖苷钻井液，其配方为：5%膨润土+30%甲基葡萄糖苷+1% KOH+1% DFD-140+0.3% KPAM+1% SJ-1。该体系可有效改善页岩的膜效率，减少水分进入蒙皂石，从而起到抑制泥页岩的膨胀作用。在郑斜 41 井应用时性能稳定，抗温性强，起下钻畅通，开泵顺利，润滑性较好，井径扩大率仅为 6%，说明甲基葡萄糖苷钻井液具有较好的抑制性和防塌作用。

窦红梅等（2006）制备出一种甲基葡萄糖苷—超低渗透率钻井液，其配方为：3%膨润土+0.2% FA367+1.0% JB+2.0% SMP-Ⅱ+3.0% SMC+3.0% MEG。该体系具有超低渗透性能，可有效阻止钻井液在地层中的渗透，保持井壁稳定，该体系还具有较好的储层保护效果、良好的润滑性能，对页岩有强的抑制能力，耐温达 160℃，抗污染能力较强。

三、合成基钻井液

合成基钻井液以合成的有机化合物（无毒且易降解的非水溶性有机物）作为连续相，盐水作为分散相，并含有乳化剂、降滤失剂、稳定剂、流型改进剂和加重剂等，具有油基钻井液的性能特点，还能大幅减少对环境的影响。

1. 优点和缺点

合成基钻井液既有油基钻井液的性能特点，又符合环境保护的要求，是近年来国外发展较快的一类钻井液。该体系具有较强的抑制性和润滑性，抗污染能力强，对环境友好。

合成基钻井液的流变性受温度影响较大，低温时钻井液黏度偏高，高温时钻井液黏度偏低，导致流变性调控较为困难。

2. 国外研究现状

从20世纪80年代开始，美国、英国和挪威等国开始进行合成基钻井液的实验研究。到现在为止，合成基钻井液体系经历了从第一代合成基钻井液到现在第二代合成基钻井液的发展过程（李秀灵等，2011）。

1990年，酯基钻井液由挪威国家石油（Statoil）公司首次应用于北海挪威海域的气田现场，并且获得成功。

1991年，尝试改变合成基液，醚基钻井液研制成功。

1992年，聚α-烯烃（PAO）基钻井液成功应用于挪威和墨西哥湾的海上油田，随后得到了较大规模的应用。

1992年末，缩醛基钻井液研制成功，但是使用成本高，并未进行大规模应用。

后来，考虑环境保护和成本，国外钻井液研究人员研制开发了第二代合成材料，主要包括线性烷基苯、线性石蜡、线性α-烯烃、异构烯烃等，与第一代合成基钻井液（酯、醚、聚α-烯烃、缩醛）相比，第二代合成基钻井液不仅价格更便宜、用量更低，且钻井液生物降解能力更强、在岩屑上的滞留量更少。

3. 国内研究现状

国内对合成基钻井液的研究起步较晚。直到页岩油藏资源的开发受到全球关注，使得合成基钻井液的研究与应用开始引起重视。

2000年，张琰等对线性石蜡基钻井液进行了研究，研制出的线性石蜡基钻井液基本可以满足深井钻井的要求。

2003年，孙金声等对线性α-烯烃钻井液技术进行了研究，成功研制出性能稳定、耐215℃高温的线性α-烯烃钻井液，该体系具有良好的储层保护性能，对天然岩心的渗透率恢复值在90%以上。

2014年，针对强水敏性地层，万绪新等通过对比，发现气制油性能优越，制备出封堵型气制油合成基钻井液，成功在曲8-侧斜11井应用成功。

2016年，李娜等利用白油和人工合成酯为基液的合成基制备出环保型合成基钻井液，在长宁H6-6井成功应用。

合成基钻井液安全、环保和利于保护油气层的特性，非常适合页岩油藏的勘探开发，前景广阔。

4. 常用合成基钻井液体系

气制油具有较高的闪点和苯胺点、较低的凝点和运动黏度，且携带能力强，在页岩

地层钻井时，能减少钻进过程中的遇阻、钻速减慢等问题的发生概率。

王京光等（2013）制备出一种环保型合成基钻井液，其配方为：气制油 Saraline 185+3.0%乳化剂 +1.0%有机土 + 水 +1.6%醋酸钾 +1.6% Ca（OH）$_2$+2.0%降滤失剂 +0.7%提切剂 +2.0%润湿剂 + 重晶石。该体系采用醋酸钾替代氯化钙作为体系的水相抑制剂，更有利于环保，抑制性能好，摩阻扭矩降低，在四川盆地富顺页岩区块成功应用，完井作业时的电测、下套管、固井顺利，表明该钻井液完全满足页岩气钻井的需要。

万绪新等（2014）制备出一种封堵型合成基钻井液，其配方为：气制油 + 2.5%～3.0% RA3+1.0%～2.0% RA7+0.3% SDRM+3%润湿剂 +2.5%有机土 +20% $CaCl_2$ 水溶液 +2.5% CaO+1% SGJ–1+ 重晶石（根据需要），油水比为 70：30～95：5。该体系的抑制性和封堵性效果良好，对油层保护效果好，抗污染能力强，还拥有优良的悬浮能力和携岩能力，已在曲 8– 侧斜 11 井中的强水敏性地层中成功应用。

李娜等（2016）制备出一种环保型合成基钻井液，其配方为：基础油（白油和人工合成酯）+30% $CaCl_2$ 水溶液（质量比为 25%～35%）+3%～5%主乳化剂 +2%～3.5%辅乳化剂 +2%～3%润湿剂 +1%～1.5%流型调节剂 +2%～3.5%降滤失剂 +2.5%～3%多级粒子硬性封堵剂 +1%～2%塑性封堵剂 +1.5%～2.5%液相封堵剂 +1%～1.5% CaO+ 重晶石。处理剂全采用符合 API 环保标准的低毒、无毒材料，在很大程度上降低了钻井液及钻屑对储层的伤害。该体系对微裂缝发育、压力敏感性高的页岩地层效果较好，在长宁页岩区块的长宁 H6–6 井成功应用。

四、致密油钻井液

致密油钻井液技术前景广阔。中国的准噶尔、鄂尔多斯、松辽等盆地，致密油储量极大，形成了多个超亿吨级规模储量区（赵继勇等，2018；朱筱敏等，2018），是未来重要的开发领域。

张洪伟等（2013）针对华北油田致密油区块的掉块问题研制了强封堵有机盐钻井液，里面包含铝合物封堵剂，在阿密 1H 井现场施工中，该强封堵、强抑制钻井液克服了井眼水平位移大、井壁易垮塌、井眼轨迹复杂、完井作业时间长等诸多难题，满足致密油特殊地层开发的钻井需求。

李治君等（2014）根据陇东致密油层的泥质含量高、非均质性强、层理发育、水敏性填隙物含量高、岩石结构稳定性差等特点，研制了强抑制防塌钻井液体系。该体系在固平 41–62 井使用时，防塌作用效果明显，平均井径扩大率只有 4.4%，期间短起下钻两次，井壁稳定，起下钻顺利，测井、下套管一次到位，未发生井下复杂情况。

侯杰等（2017）改进了聚胺抑制剂，提高了稳定性和抗温性，在大庆致密油区块的 Long2 井应用时，从二开开钻到完井，钻井液性能稳定，全井无事故发生，特别是在嫩江组、姚家组和青山口组钻进时没有发生任何缩径、剥落和黏卡等，起下钻和下套管作业顺利，能够满足大段泥岩地层钻井需求。

王佳庆等（2018）根据大庆油田致密油水平井的开发需要，优选出了环保超性能水基钻井液，该钻井液体系作业性能类似于油基钻井液，但连续相是水而不是油，从根本上避免了油基钻井液带来的环境风险，并兼有抑制性强、低摩阻、适应性强等优点，达到了国家环保排放要求。在多口井的施工作业中（葡34—平13井、龙26—平16井和龙26—平15井）解决了以嫩江组和青山口组泥岩为代表的井壁失稳问题，解决了普通水基钻井液摩阻大，托压、套管难以到位等问题，还解决了井筒清洁问题，性能优越。

王发现等（2018）针对大庆油田致密油层区块泥质含量高，易发生井壁垮塌、普通钻井液润滑性无法满足水平井钻井施工需要等问题，研制了ULTRADRIL水基钻井液体系。室内实验表明，体系中的抑制剂ULTRAHIB，对灰绿色泥岩、红棕色泥岩及黑褐色油页岩具有较强的抑制作用，并且能够在100℃下正常作业。在源211区块现场应用后发现，阻卡情况大幅度降低，井身质量、固井质量及机械钻速均有提高。

第三节　页岩油水平井钻井液发展展望和研究路线

一、发展展望

页岩油气资源开发潜力巨大，生产周期长、开采寿命长，但是开采难度也很高。根据页岩地层的特性，综合考虑现有钻井液体系，可以看出未来的发展主要有五个方向：低成本、安全环保、有针对性、应用纳米级材料及提高钻进速度。

1. 低成本

在页岩油的勘探开发中，由于页岩油钻井液的研究起步不久，使用的材料较贵，所以降低页岩油钻井液成本是未来发展的首要问题。作为拥有开发页岩油高性能钻井液经验的贝克休斯、哈里伯顿等知名公司，以及国内科研院所、高校、工程技术服务企业纷纷投入研究，在保持钻井液性能不变甚至是提高的前提下，进一步降低成本，以提高页岩油开发的经济效益。

2. 安全环保

油基钻井液具有良好的润滑性、防塌抑制性，能够有效解决页岩油钻井难题，优先考虑应用于页岩水平井钻井。然而国家对环境保护的要求越来越高，钻井液带来的污染也引起了学者们的思考，如何保护储层及降低对环境的影响已成为当下的关键。中国石油大学（华东）、西南石油大学等研究的思路是开发高性能安全环保水基钻井液，以减小对环境的污染。

3. 有针对性

页岩油储层地质条件复杂多变，一种钻井液体系很难满足整个页岩油藏的勘探开发。因此，在配制页岩油钻井液体系前，应该详细研究对应区块甚至每口井的地质构造情况、当地环境因素、地理位置等，具体分析遇到的复杂情况，然后采取相应的措施。

美国在开发页岩油的准备阶段时，会研究区块的地质情况，同时考虑环境、成本、维护等多种因素，最终选择合适的钻井液体系。开发海恩思维尔（Haynesville）页岩时，采用柴油基钻井液，保证了井壁的稳定；开发马塞卢斯（Marcellus）页岩区块时，采用了合成基钻井液，以降低对环境的影响并有利于储层保护。国内川庆钻探钻井液公司针对不同区块的地质情况（井漏、垮塌、强水敏性等不同情况），研究出高密度、低密度、抗高温、不含矿物油等多种高性能水基钻井液体系。由此可见，有针对性的钻井液体系会成为页岩油钻井液技术发展方向之一。

4. 应用纳米级材料

纳米技术是指利用单个原子、分子制造物质的技术。纳米级材料的结构尺寸在0.1～100nm范围内。当物质达到纳米级尺度以后，其性能就会发生突变。页岩油水平井钻井液技术作为前沿研究领域，每一种钻井液体系势必要有核心处理剂。如果能够将纳米技术和钻井液技术完美结合，肯定会为钻井液性能调控带来意想不到的收获。

纳米级材料颗粒尺寸小、比表面积大、表面能高。因此，纳米级材料具有很高的表面活性，易吸附在井壁、钻具表面，将水平段钻进中钻具的滑动摩擦转变为滚动摩擦，有效降低摩阻；纳米级材料能在井壁形成一层致密的膜，增强滤饼质量，并增强钻具的摩阻与扭矩；纳米级材料在进入页岩地层孔隙、微裂缝后，可有效地进行封堵，阻止钻井液滤液进入地层，保护储层，同时抑制页岩地层垮塌，保证井壁稳定。

5. 提高钻进速度

为油气勘探提供保障的同时提高钻进速度，是学者们一直研究的方向。通过不断改善钻井液的各种性能，减少钻进过程中事故的发生，保证钻井工作的正常进行并提高钻进速度，缩短钻井周期，最终降低钻井成本，是钻井液技术发展的重要目标。

二、具体研究路线

基于发展方向，钻井液技术的具体研究路线包括进一步提高现有钻井液的性能与研发新型钻井液技术两种。

1. 进一步提高现有钻井液体系的性能

1）油基钻井液

油基钻井液是进行页岩油藏勘探开发使用最多的钻井液，进一步提高油基钻井液的性能、降低对环境的污染和降低整体成本是未来的主要发展方向。具体建议有以下三个方面：

（1）研究新型的低毒、无毒和可降解的基础油，以达到环境保护的要求；

（2）研制新型处理剂，优化钻井液的悬浮能力、沉降稳定性、流变性、乳化稳定性；

（3）深入研究油基钻井液的循环再利用、固液分离、含油钻屑处理等技术，降低开发成本。

2）水基钻井液、合成基钻井液

随着全球环保意识的提升，页岩油资源工业化勘探开发的环保标准会越来越高，水基钻井液、合成基钻井液可以满足环保要求从而逐渐代替油基钻井液。根据页岩地层具有裂缝发育、水敏性强等特性，水基钻井液与合成基钻井液发展的主要方向有以下四点：

（1）加强对页岩抑制、封堵材料的研制，以满足页岩地区水平井的作业需求；

（2）研制新型无毒、环保处理剂，以满足环境保护需求；

（3）使用来源丰富、价格低廉的天然、合成及纳米等材料，进一步降低钻井液成本；

（4）结合实验研究和现场应用，进一步提高和完善水基钻井液、合成基钻井液的研制工作。

2. 研发新型钻井液体系

1）纳米材料钻井液

纳米技术可以产生具有许多独特特性的产品，可以在改进滤饼质量、维持井眼稳定性、保护储层及满足复杂地质条件下正常钻井作业等方面发挥着积极作用，纳米级材料在钻井液领域具有革命性影响的潜力（吴清等，2018）。

（1）水基成膜钻井液。

Bai 等（2010）使用纳米级胶乳颗粒 NM-1 和无机纳米级颗粒 NMTO 作为主剂，开发了一种新的纳米级水基钻井液。实验结果表明，该钻井液的半透膜效率约为 65%，因此该钻井液可形成完全不透水的隔离层。此外，当压力阻力逐渐增加到 3.5MPa 时，API 滤失量仍然能在很长时间内保持恒定。因此，该钻井液体系具有良好的隔离效果，既能阻止钻井液侵入地层，又能有效地抑制页岩储层的水化膨胀，从而对稳定井壁和保护储层起到了重要作用。

（2）纳米基钻井液。

Amanullah 等（2011）利用商业纳米材料和纳米稳定剂的混合物配制出一种新型纳米基钻井液。它具有理想的流变性和滤失性，使用后发现，井眼变得清洁，井壁处产生的滤饼特别紧密而且薄，质量非常高，可有效减小钻具的摩阻和扭矩，保证了钻井的正常进行。

（3）强化纳米级钻井液。

Abdo 等（2009）研究了一种新型纳米级材料 ATR，可使钻井液保持高的凝胶强度和低黏度。加入膨润土钻井液体系后，钻井液显示出优异的性能和剪切变稀性能，这是单独使用膨润土或 ATR 不能实现的。

国内对纳米技术的应用主要集中在研究钻井液添加剂上。

毛惠等（2014）制备的疏水缔合聚合物聚 P（AM-NaAMPS-MA-b-St）为聚合物基体，然后加入纳米级二氧化硅，研制了一种具有核壳结构的疏水缔合特性的聚合物或纳米级二氧化硅微纳米级降滤失剂 FLR-1。此降滤失剂既能够显著降低滤失量，又能够有效控制优化水基钻井液体系的流变性，还具有优良的抗盐能力。实验表明：温度 200℃下 16h 的高温、高压滤失量仅为 20.5mL。

杨芳等（2013）研究发现间苯二酚—甲醛聚合的纳米碳球加量为 0.4% 时，对钻井液的润滑性能最好。葡萄糖的纳米级碳球在加量为 0.5% 时，对钻井液的润滑效果最好，

在 180℃温度条件下处理 16h 后，其润滑系数只降低了 25.2%。

郑淑杰等（2017）研究的纳米封堵降滤失剂加入钻井液后，在大港油田枣 1510 井（低孔隙度、低渗透率、微裂缝发育储层）成功应用，与附近井相比，井径扩大率最小，说明有较好的井壁稳定效果，产油量升高，说明还起到了保护油层的效果。

未来的钻井作业需要新的材料，纳米级材料广阔的应用前景，有望在复杂多变的页岩地质条件下发挥重要作用，满足高难度的钻井要求，提高钻井作业效率。

2）超临界二氧化碳钻井液技术

超临界二氧化碳流体不同于一般的气体和液体，具有许多独特的物理和化学性质，如高密度、高扩散系数、低黏度等特性，它的破岩门限压力低、破岩速度快，容易在坚硬地层进行钻进。同时超临界二氧化碳对储层无任何伤害，进入储层后还能进一步增大储层渗透率和孔隙度，增大原油的流动性，提高原油采收率，是一种环境友好型的钻井流体。

超临界二氧化碳流体既无固相（固体颗粒）也不含液相（水），在利用超临界二氧化碳流体钻开油气储层时，不会堵塞孔隙喉道，不会导致储层中的黏土矿物膨胀，遇水敏性地层不会引发水锁效应，可有效减少井壁失稳事故的发生概率。使用超临界二氧化碳开发页岩油藏资源的诸多优势已逐渐成为共识，王海柱等（2012）、王瑞和等（2013）、宋维强等（2016）研究了超临界二氧化碳在井筒中的流动规律，丁璐等（2018）在此基础上通过模拟计算（页岩地层钻一口深 1500m 的直井）发现，超临界二氧化碳钻井不同于常规钻井，其坍塌压力会有一定的变化。刚钻至 1500m 处井底时，初始坍塌压力偏低。一段时间后，被浸泡的页岩物性发生变化（抗压强度逐渐降低至稳定值、弹性模量逐渐上升至稳定值、泊松比逐渐下降至稳定值），综合作用使坍塌压力上升，并且逐渐稳定下来，略高于常规钻井坍塌压力，但是全井段最终坍塌压力一直低于井筒压力（图 3-1），说明井壁稳定钻井能够顺利进行，对以后应用超临界二氧化碳钻井开发页岩油藏资源具有指导意义。

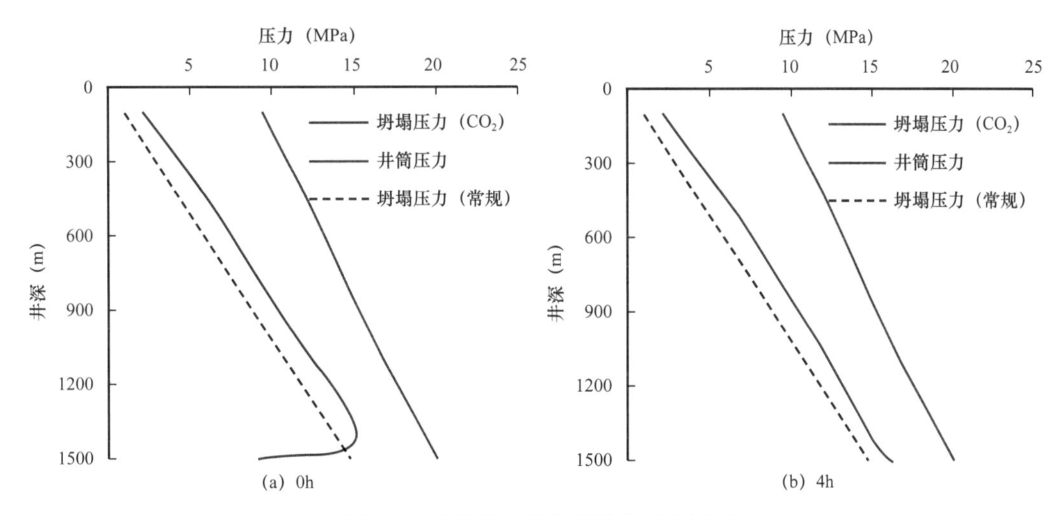

图 3-1　超临界二氧化碳钻井压力剖面

参考文献

Frederick B Growcock，王瑛，武学芹，等 . 2004. 水基微泡钻井液和油基微泡钻井液的应用［J］. 石油石化节能，20（1）：24–27.

M Mas，T Tapin，R Marquez，et al. 1999.A new high-temperature oil-based drilling fluid［R］. SPE 00053941.

曹文科，邓金根，蔚宝华，等 . 2017. 页岩层理弱面对井壁坍塌影响分析［J］. 中国海上油气，29（2）：114–122.

陈天宇，冯夏庭，张希巍，等 . 2014. 黑色页岩力学特性及各向异性特性试验研究［J］. 岩石力学与工程学报，33（9）：1772–1779.

程远方，黄荣樽 . 1993. 钻井工程中泥页岩井壁稳定的力学分析［J］. 中国石油大学学报（自然科学版），（4）：35–39.

窦红梅，许承阳 . 2006. 甲基葡萄糖苷—超低渗透钻井液性能评价［J］. 钻井液与完井液，23（6）：39–41.

高杰松，李战伟，郭晓军，等 . 2011. 无粘土相甲基葡萄糖苷水平井钻井液体系研究［J］. 化学与生物工程，28（7）：80–83.

高远文，杨鹏，李建成，等 . 2016. 高温高密度全白油基钻井液体系室内研究［J］. 钻采工艺，39（6）：88–90.

郭鸿 . 2012. 大庆油田水基钻井液体系抑制性评价［J］. 内蒙古石油化工，（9）：56–58.

何涛，李茂森，杨兰平，等 . 2012. 油基钻井液在威远地区页岩气水平井中的应用［J］. 钻井液与完井液，29（3）：1–5.

何振奎 . 2013. 页岩水平井斜井段强抑制强封堵水基钻井液技术［J］. 钻井液与完井液，30（2）：43–46.

衡帅，杨春和，张保平，等 . 2015. 页岩各向异性特征的试验研究［J］. 岩土力学，36（3）：609–616.

侯杰 . 2017. 新型抗高温聚胺抑制剂在大庆致密油水平井中的应用［J］. 钻采工艺，40（5）：84–87.

胡文军，刘庆华，卢建林，等 . 2007. 强封堵油基钻井液体系在 W11–4D 油田的应用［J］. 钻井液与完井液，24（3）：12–15.

黄浩清 . 2004. 安全环保的新型水基钻井液 ULTRADRILL［J］. 钻井液与完井液，21（6）：4–7.

黄荣樽，陈勉，邓金根，等 . 1995. 泥页岩井壁稳定力学与化学的耦合研究［J］. 钻井液与完井液，12（3）：15–21.

蒋卓，舒福昌，向兴金，等 . 2009. 全油合成基钻井液的室内研究［J］. 钻井液与完井液，26（2）：19–20.

金衍，陈勉，柳贡慧，等 . 1999. 弱面地层斜井井壁稳定性分析［J］. 中国石油大学学报：自然科学版，23（4）：33–35.

金衍，齐自立，陈勉，等 . 2011. 水平井试油过程裂缝性储层失稳机理［J］. 石油学报，32（2）：295–298.

蓝强，李公让，张敬辉，等 . 2010. 无黏土低密度全油基钻井完井液的研究［J］. 钻井液与完井液，27（2）：6–9.

李东杰，王炎，魏玉皓，等 . 2017. 页岩气钻井技术新进展［J］. 石油科技论坛，36（1）：49–56.

李娜，梁海军 . 2016. 环保型合成基钻井液在长宁 H6–6 井成功应用［J］. 西部探矿工程，28（9）：83–86.

李秀灵，沈丽，陈文俊 . 2011. 合成基钻井液技术研究与应用进展［J］. 承德石油高等专科学校学报，13（1）：21–24.

李益寿，王卫国，黄承建，等 . 2006 甲酸盐钻井液技术在吐哈油田水平井的应用［J］. 钻井液与完井液，23（6）：8–11.

李治君，曲波，王学存，等 . 2014. 陇东致密油层水平开发井钻井液技术［J］. 钻采工艺，37（4）：102–104.

梁文利 . 2016. 柴油基钻井液在涪陵页岩气田开发中的推广应用［J］. 江汉石油职工大学学报，29（4）：34–37.

刘加杰，康毅力，王业众 . 2007. 扩展钻井液安全密度窗口理论与技术进展［J］. 钻井液与完井液，24（4）：69–73.

刘向君，叶仲斌 . 2002. 岩石弱面结构对井壁稳定性的影响［J］. 天然气工业，22（2）：41–42.

刘绪全，陈敦辉，陈勉，等 . 2011. 环保型全白油基钻井液的研究与应用［J］. 钻井液与完井液,28（2）：10–12.

卢双舫，李俊乾，张鹏飞，等 . 2018. 页岩油储集层微观孔喉分类与分级评价［J］. 石油勘探与开发，45（3）：1–9.

卢双舫，薛海涛，王民，等 . 2016. 页岩油评价中的若干关键问题及研究趋势［J］. 石油学报，37（10）：1309–1322.

卢运虎，陈勉，安生 . 2012. 页岩气井脆性页岩井壁裂缝扩展机理［J］. 石油钻探技术，40（4）：13–16.

罗健生，莫成孝，刘自明，等 . 2009. 气制油合成基钻井液研究与应用［J］. 钻井液与完井液，26（2）：7–11.

马天寿，陈平 . 2014. 页岩层理对水平井井壁稳定的影响［J］. 西南石油大学学报（自然科学版），36（5）：97–104.

毛惠，邱正松，沈忠厚，等 . 2014. 疏水缔合聚合物 / 纳米二氧化硅降滤失剂的研制及作用机理［J］. 石油学报，35（4）：771–778.

邱正松，徐加放，吕开河，等 .2007.“多元协同”稳定井壁新理论［J］. 石油学报，28（2）：117–119.

孙金声，林喜斌，张斌，等 . 2005. 国外超低渗透钻井液技术综述［J］. 钻井液与完井液，22（1）：57–59.

孙金声，刘进京，潘小镛，等 . 2003. 线性 α– 烯烃钻井液技术研究［J］. 钻井液与完井液，20（3）：27–30.

孙明波，乔军，刘宝峰，等 . 2013. 生物柴油钻井液研究与应用［J］. 钻井液与完井液，30（4）：15–18.

唐杰 . 2014. 各向异性岩石的静态模量与动态模量实验研究［J］. 岩石力学与工程学报，33（s1）：3185–3191.

唐文泉 . 2011. 泥页岩水化作用对井壁稳定性影响的研究［D］. 北京：中国石油大学（北京）.

万绪新，张海青，沈丽，等 . 2014. 合成基钻井液技术研究与应用［J］. 钻井液与完井液，31（4）：26–29.

王发现，陶官忠，吕德庆 . 2018.ULTRADRIL 水基钻井液在大庆致密油水平井中的应用［J］. 石油工业技术监督，34（6）：30–32+39.

王海柱，李根生，沈忠厚，等 . 2012. 超临界 CO_2 钻井与未来钻井技术发展［J］. 特种油气藏，19（2）：1–5.

王佳庆 . 2018. 新型环保超性能水基钻井液在大庆油田致密油层水平井的应用［J］. 西部探矿工程，30（3）：115–118.

王京光，黎金明，赵向阳，等 . 2013. 一种硅酸盐钻井液的研究及在靖边气田的应用［J］. 西安石油大学学报（自然科学版），28（1）：76–79.

王京光，张小平，曹辉，等 . 2013. 一种环保型合成基钻井液在页岩气水平井中的应用［J］. 天然气工业，33（5）：82–85.

王京印，程远方，赵益忠，等 . 2007. 多场耦合作用下泥页岩地层钻井液安全密度窗口预测［J］. 钻井液与完井液，24（6）：1–3.

王军义，王在明，王栋 . 2006. 生物聚合物甲基葡萄糖甙钻井液抑制机理［J］. 石油钻采工艺，28（6）：24–26.

王茂功，徐显广，苑旭波 . 2012. 抗高温气制油基钻井液用乳化剂的研制和性能评价［J］. 钻井液与完井液，29（6）：4–5.

王瑞和，倪红坚 . 2013. 二氧化碳连续管井筒流动传热规律研究［J］. 中国石油大学学报：自然科学版，37（5）：65–70.

王森，陈乔，刘洪，等 . 2013. 页岩地层水基钻井液研究进展［J］. 科学技术与工程，13（16）：4597–4602.

王业众，康毅力，游利军，等 . 2007. 裂缝性储层漏失机理及控制技术进展［J］. 钻井液与完井液，24（4）：74–77.

吴靖，王昌军，由福昌 . 2018. 纳米技术在钻井液和储层保护中的应用［J］. 当代化工，47（1）：140–144.

肖金裕，杨兰平，李茂森，等 . 2011. 有机盐聚合醇钻井液在页岩气井中的应用［J］. 钻井液与完井液，28（6）：21–23.

鄢捷年，黄林基 . 1993. 钻井液优化设计与实用技术［M］. 东营：中国石油大学出版社 .

闫传梁，邓金根，蔚宝华，等 . 2013. 页岩气储层井壁坍塌压力研究［J］. 岩石力学与工程学报,32（8）：1595–1602.

闫丽丽，李丛俊，张志磊，等 . 2015. 基于页岩气“水替油”的高性能水基钻井液技术［J］. 钻井液与完井液，32（5）：1–6.

杨芳 . 2013. 纳米碳球耐高温钻井液润滑剂的研究［D］. 长春：吉林大学 .

于淼 . 2017. 页岩地层常用水基钻井液体系及抑制性能评价［J］. 西部探矿工程，29（5）：84–87.

于兴东，姚新珠，林士楠，等 . 2001. 抗 220℃高温油包水钻井液研究与应用［J］. 石油钻探技术，29（5）：45–47.

于志纲，吕宝，杨飞，等 . 2012. 川西知新场地区稀硅酸盐防塌钻井液技术［J］. 钻井液与完井液，29（2）：32–34.

于志纲，张军，彭商平，等 . 2010. 可降解甲酸盐钻井液的研究与应用［J］. 石油钻采工艺，32（6）：53–56.

袁俊亮，邓金根，蔚宝华，等 . 2012. 页岩气藏水平井井壁稳定性研究［J］. 天然气工业，32（9）：73–77.

张洪伟，解经宇，左凤江，等 . 2013. 强封堵有机盐钻井液在致密油水平井中的应用［J］. 钻井液与完井液，30（3）：43–46+94–95.

张欢庆，周志世，刘锋报，等 . 2016. 白油基钻井液体系研究与应用［J］. 钻采工艺，39（3）：99–102.

张军，彭商平，杨飞 . 川西页岩气水平井高性能水基钻井液技术 . 全国钻井液完井液学组工作会议暨技术交流研讨会论文集［C］. 北京：石油工业出版社，2012：213–219.

张立志 . 2017. 笔架岭地区水平井卡钻事故预测与处理研究［D］. 大庆：东北石油大学 .

张林晔，李钜源，李政，等 . 2014. 北美页岩油气研究进展及对中国陆相页岩油气勘探的思考［J］. 地球科学进展，29（6）：700–711.

张衍喜，侯华丹，纪洪涛，等 . 2013. 页岩油气大段泥页岩钻井液技术的研究［J］. 中国石油和化工标准与质量，33（2）：178–179.

张琰，任丽荣 . 2000. 线性石蜡基钻井液高温高压性能的研究［J］. 探矿工程（岩土钻掘工程），44（5）：47–49.

赵继勇，樊建明，薛婷，等 . 2018. 鄂尔多斯盆地长 7 致密油储渗特征及分类评价研究［J］. 西北大学学报（自然科学版），48（6）：857–866.

郑淑杰，蒋官澄，肖成才，等 . 2017. 纳米材料钻井液在大港油田的应用［J］. 钻井液与完井液,34（5）：14–19.

周仕明 . 2004. 优质高强低密度水泥浆体系的设计与应用［J］. 钻井液与完井液，21（6）：33–36.

朱晓明，褚艳丽，齐志刚 . 2014. 强抑制封堵防塌钻井液体系在柴 1HF 井的应用［J］. 内蒙古石油化工，39（4）：111–113.

朱筱敏，潘荣，朱世发，等 . 2018. 致密储层研究进展和热点问题分析［J］. 地学前缘，25（2）：141–146.

邹才能，杨智，崔景伟，等 . 2013. 页岩油形成机制、地质特征及发展对策［J］. 石油勘探与开发，40（1）：14–26.

Growcock F B，Khan A M，Simon G A. 2003.Application of water–based and oil–based aphrons in drilling fluids［C］//International Symposium on Oilfield Chemistry. Society of Petroleum Engineers.

Aadnoy B S，Chenevert M E. 1987.Stability of highly inclined boreholes［J］. SPE Drilling Engineering，2：

364–374.

Abdo M J, Haneef D. 2009.Nanoparticles：promising solution to overcome stern drilling problems [J].

Amanullah M, Al–Arfaj M K, Al–Abdullatif Z. 2011.Preliminary test results of nano–based drilling fluids for oil and gas field application [C] // Spe/iadc Drilling Conference & Exhibition. Society of Petroleum Engineers.

Bai X. 2010.Formation mechanisms of semi–permeable membranes and isolation layers at the interface of drilling–fluids and borehole walls [J]. Acta Petrolei Sinica, 31 (5): 854–857.

Chenevert M E, Gatlin C. 1965.Mechanical anisotropies of laminated sedimentary rocks [J]. Society of Petroleum Engineers Journal, 5 (1): 67–77.

Chenevert M E. 1970.Shale alteration by water adsorption [J]. Journal of Petroleum Technology, 22 (9): 1141–1148.

Crook A, Yu J G, Willson S. 2002.Development of an orthotropic 3d elastoplastic material model for shale[J]. Society of Petroleum Engineers Journal.

Ding L, Ni H, Li M, et al. 2018.Wellbore collapse pressure analysis under supercritical carbon dioxide drilling condition [J]. Journal of Petroleum Science & Engineering, 161: 458–467.

Fossum P, Moum T, Sletfjerding E, et al. 2007.Design and utilization of low solids obm for aasgard reservoir drilling and completion [C] // Society of Petroleum Engineers.

Josh M, Esteban L, Piane C D, et al. 2012.Laboratory characterisation of shale properties [J]. Journal of Petroleum Science & Engineering, 88–89 (2): 107–124.

Knut T, Lars L, Henning J, et al. 2004.The completion of subsea production wells eased by the use of a unique, high–density, solids–free, oil based completion fluid [J].SPE 87126.

Lekhnitski S G. 1963.Theory of elasticity of anisotropic body [M]. San Francisco：Holden–Day.

Loloi M, Zaki K, Zhai Z, et al. 2010.Borehole strengthening and injector plugging–the common geomechanics thread [C] // North Africa Technical Conference and Exhibition. Society of Petroleum Engineers.

Mody F K, Hale A H. 1993.Borehole–stability model to couple the mechanics and chemistry of drilling–fluid/shale interations [J]. SPE 25728, 1093–1101.

Montilva J, Oort E V, Brahim R, et al. 2007.Using a low–salinity high–performance water–based drilling fluid for improved drilling performance in lake maracaibo [C] // SPE Technical Conference & Exhibition. Society of Petroleum Engineers.

Ni H, Song W, Wang R, et al. 2016.Coupling model for carbon dioxide wellbore flow and heat transfer in coiled tubing drilling [J]. Journal of Natural Gas Science & Engineering, 30: 414–420.

Oort E, Lee J, Friedheim J, et al. 2004.New flat–rheology synthetic–based mud for improved deepwater drilling [C] // SPE Technical Conference and Exhibition.

Pinto J L. 1966.Stresses and strains in an anisotropic–orthotropic body [R].1st ISRM Congress, Lisbon.

Redburn M, Dearing H, Growcock F. 2013.Field lubricity measurements corrilate with improved performance of novel water–based drilling fluid //Offshore Mediterranean Conference and Exhibition. Italy：Offshore Mediterranean Conference.

Salamon M D G. 1968.Elastic moduli of a stratified rock mass [J]. International Journal of Rock Mechanics & Mining Sciences & Geomechanics Abstracts，5（6）：519–527.

Sondergeld C H，Newsham K E，Comisky J T，et al. 2010.Petrophysical considerations in evaluating and producing shale gas Resources [C] // Society of Petroleum Engineers.

Taugbol K，Gunnar F，Prebensen O I，et al. 2005.Development and field testing of a unique high temperature and high pressure（hthp）oil based drilling fluid with minimum rheology and maximum SAG stability [R].SPE 96285.

Vanorio T，Mukerji T，Mavko G. 2008.Emerging methodologies to characterize the rock physics properties of organic–rich shales [J]. Leading Edge，27（6）：780–787.

Wardle L J，Gerrard C M. 1972.The "equivalent" anisotropic properties of layered rock and soil masses [J]. Rock Mechanics，4（3）：155–175.

Yamamoto K，Shioya Y，Uryu N. 2002.Discrete element approach for the wellbore instability of laminated and fissured rocks [R].SPE/ISRM 78181.

第四章 页岩油固井技术

在页岩油固井作业中，要结合页岩油储层的特殊地质特点及井身结构，发展和完善适用于页岩油开采的新型固井技术。因页岩油储层的特殊地质特点，多采用长水平井分段压裂开发，对固井质量有更高的要求，因此固井难度也较大，对固井施工提出了新的挑战。页岩油固井面临的挑战主要有以下几个方面：

（1）长水平段条件下套管安全下入与居中难度大。在长水平段，套管下入过程中所受摩阻大，套管顺利通过高造斜率段并下到预定井深难度大。且水平段套管在自重作用下容易靠近井壁下侧，套管贴边和偏心，影响岩屑携带和水泥浆顶替效果，造成水泥环不均匀，影响层间封隔质量，从而影响后期压裂改造效果。

（2）油基钻井液条件下水泥环的界面胶结质量难以保障。页岩油井应用油基钻井液钻井，井壁形成的滤饼为油润湿性，同时套管壁上也会留下一层难以清洗的油膜，而常规的水基冲洗液因其亲水性无法将钻井液驱替干净，导致水泥浆与井壁、套管壁无法胶结，使得水泥环的界面胶结质量变差，这将影响后期压裂过程水泥环的密封性。

（3）多次高压压裂条件下水泥环难以保障持久性抗冲击能力。页岩油井主要依靠多级压裂来增产，多段、高压力的压裂强度会引起水泥环开裂破坏，这就要求页岩油井固井所用水泥浆体系必须有良好的弹韧性能，水泥环不仅要有适宜的强度，还要有较好的抗冲击能力和耐久性。

（4）页岩层地质条件下固井作业难度大。页岩层往往发育裂缝，地层承压能力低，压力窗口较窄，常常伴随井漏、溢流等复杂情况，固井作业要解决入井前后水泥浆密度基本稳定、精确控制入井水泥浆密度、保障水泥浆驱替效果、避免环空气窜等问题。

第一节 页岩油固井下套管工艺技术

套管柱在井下主要起抗挤、抗拉、抗内压和密封的作用，套管柱贯穿于钻完井及开采整个过程，决定着一口井的寿命，也影响钻进成本，可见套管柱设计的重要性。页岩油井多采用水平井，套管在高造斜段及水平段因自身重力作用容易靠近井壁下侧而偏向，此时套管所受摩阻很大，给套管下入带来极大的困难。同时，套管偏心会影响岩屑携带及水泥浆顶替效果，这都将影响最终的固井质量，因此采取合适的技术来降低套管在水平段下入过程中的偏心问题是提高页岩油固井质量的关键。开发中，主

要通过井眼准备技术、抬头下套管技术、套管居中技术等来克服套管下入过程存在的难点。

一、套管柱设计

套管柱设计主要包括对套管强度设计和校核，来选择合适的套管钢级和壁厚，确保安全生产。一套完整的套管柱，根据其功能不同，可分为表层套管、技术套管、油层套管三种，三者各有其设计特点及侧重点。

（1）表层套管是为巩固地表疏松层，安装井口装置并要承受技术套管和油层套管的部分重量。其设计特点是承受井下气侵及井喷时的地层压力，套管在设计中重点考虑抗内压力，防止在关井时套管受高压而压爆。

（2）技术套管是为封隔复杂地层而下入的，在后续的钻进中要承受井喷时的内压力和钻具的冲撞和磨损，这要求技术套管既要有较高的抗内压强度，又要有抗钻具冲击磨损能力。

（3）油层套管是在油气井中最后下入的，因其下入深度较大，重点要保证套管的抗外挤强度。同时也要保证后期的注水、压裂等作业安全开展，所以要严格校核套管的抗内压强度。

套管柱强度设计方法很多，都是要保证套管强度大于所受有效外载荷，并在一定的安全系数内。强度设计步骤主要是：先按抗挤强度自下而上设计，同时进行抗拉强度和抗内压强度的校核；当选择的抗拉强度和抗内压强度不满足要求时，选择比以上更高一级的套管，改为抗拉强度设计或抗内压强度设计，进行抗挤强度校核，直到满足设计要求为止。

与直井相比，水平井下套管的主要难点是：在斜井眼及水平井眼条件下，套管总是贴近井壁下侧，受到摩擦力的影响，上提下放阻力大且套管居中难度大。水平井的套管强度设计总体上与直井相同，在弯曲段，因套管的所受拉力增大，弯曲应力对套管抗拉抗内压强度影响较大，在设计斜井段套管的抗拉安全系数时，必须考虑计算点所受的弯曲应力。水平井由于造斜段井眼曲率较高，为保证套管顺利下入，必须计算套管管体允许的弯曲半径，且套管允许的弯曲半径应小于井眼的弯曲半径，否则套管无法顺利下入。水平井套管管体允许的弯曲半径计算公式如下：

$$R=\frac{ED}{200Y_{\mathrm{p}}}K_1K_2 \tag{4-1}$$

式中 R——允许的套管弯曲半径，cm；

E——钢材的弹性模量；

D——套管外径，cm；

Y_{p}——钢材的屈服极限，kPa；

K_1——抗弯安全系数，通常取值 1.8；

K_2——螺纹连接处安全系数，通常取值 3。

二、井眼准备技术

页岩油水平井钻井过程中，钻具在自身重力作用下会导致井眼呈椭圆形，为了保障钻井液循环携岩效果，地面钻井泵多采用大排量，这就会导致部分疏松井段的井径扩大而呈现不规则形状。如果再发生井漏、溢流等复杂情况，就很难保障固井注水泥的质量。

钻井施工过程中应做到保持井径和井眼轨迹规则，避免形成键槽；凡钻进循环漏失，均应进行堵漏并认真做好漏失处理。

1. 固井承压试验

井眼承压能力是固井下套管一次全封的最关键前提条件，在井眼承压能力范围内进行固井才能确保固井时水泥浆返高达到要求、防止水泥浆漏失到目的层造成伤害。在钻井设计中要求固井前提高地层承压能力，严格进行承压试验、采取有效措施达到承压要求。井眼深度不同，其承压能力也存在一定的差异，不同垂深井的承压值要求见表 4–1。

表 4–1　不同垂深井固井下套管前承压值要求

垂深（m）	2000～3000	1000～2000	1000 以下
承压值（MPa）	4	3.5	3

2. 优化通井钻具组合

通井的主要目的是扩划井壁、破除台肩、消除井壁阻点。通井前要充分了解和掌握所钻井实钻第一手资料，认真分析井身质量、井眼轨迹特点和实钻钻具组合结构特点，并针对下入套管的尺寸和刚性特点，制订科学合理的通井钻具组合。通井前应进行通井技术交底，并制订详细通井技术措施，严防通井作业中出现卡钻问题。对全井复杂井段、重点井段充分做好井眼准备工作，对起下钻过程中的摩阻大小应分井段记录好相关数据，所有通井作业都必须注意摩阻变化，严格区分和掌握摩阻与遇阻吨位，不能猛提猛放，严防阻卡，确保通井安全；每次通井在重点井段及复杂井段若不能顺利通过，则进行划眼并反复多次上提下放钻柱，以修整井壁、破除台肩、消除井壁阻点，最终实现井眼光滑、通畅、无沉砂、无阻卡等目的。对出入井的所有通井工具应丈量和记录好其尺寸；最后一次通井到底后，充分循环将井底岩屑和沉砂彻底携带干净。

通井钻具结构主要是增大下部钻柱刚性，通常在钻头之上增加大尺寸钻铤并加入相应外径较大的扶正器（扩大器），以大幅增大钻柱刚性，提供与井壁多个切点，并用扶正器代替套管接箍进行通井作业。

套管与钻铤刚度对比：

$$m=\frac{D^4_{钻铤}-d^4_{钻铤}}{D^4_{套管}-d^4_{套管}} \tag{4–2}$$

式中　$D_{钻铤}$——钻铤外径，cm；

$D_{套管}$——套管外径，cm；

$d_{钻铤}$——钻铤内径，cm；

$d_{套管}$——套管内径，cm。

当 $m>1$ 时，说明钻铤刚度大于套管刚度，在不考虑其他因素影响的前提下，套管应该能下至预定位置。

通井扶正器要求具有正倒划眼和修整井壁、破除井壁台阶的功能，扶正楞数量4棱，呈右螺旋分布，360°全封闭，棱上下倒角处理并铺焊耐磨合金，扶正器结构安全、可靠。

扶正器棱长要求：ϕ390～400mm扶正器棱长不小于400mm；ϕ290～300mm扶正器棱长不小于300mm；ϕ200～210mm扶正器棱长不小于200mm；ϕ146～148mm扶正器棱长不小于200mm。

3. 水平井岩屑床清除与井眼净化

实践证明，在井斜角大于30°的井眼内，钻井液中的固相颗粒在自身重力作用下会发生下沉，容易堆积在环空底部而形成岩屑床，井斜角越大，问题越严重，到水平井段最为严重。在钻井过程中，应采取有效措施防止形成岩屑床，同时在固井下套管前后都需要有效地清除岩屑床。

研究表明，在井斜角0°～45°区域内，层流的净化速度较高，在井斜角45°～55°区域内，两种流态的效果无多大区别，井斜角55°～90°区域内，紊流的净化速度高。依据上述的结论，下套管前应采取如下措施。通井过程分段循环处理钻井液：井斜角0°～45°范围内，必须使钻井液流态为层流；井斜角45°～55°范围内，两种流态都采用，但以紊流最好；井斜角55°～90°范围内，尽量采用紊流洗井。下完套管后的循环洗井与钻井和通井不同，它的特点是钻井液要通过全裸眼段，清除不同井斜角的岩屑床必须采用大排量紊流洗井。

三、旋转自导式下套管技术

抬头下套管技术是在引鞋之上接短套管安放一只整体式扶正器，来保证套管顶部在水平段处于“抬头”状态，从而减小套管下入摩阻。现场应用较广泛的工具是旋转自导式浮鞋（李社坤等，2017），它不仅能保证套管顶部在水平段处于“抬头”状态，还能提高套管柱下端引鞋的引导能力。

1. 结构原理

旋转自导式浮鞋主要由壳体、偏头引鞋和滚子组成，具体结构如图4-1所示，壳体为管状结构，上端设有连接螺纹，下端内壁设有环形凹槽；偏头引鞋为圆柱状结构，其中心轴向开有通孔，其下端设有大球面和小球面，其外壁对称设有数条左旋螺旋槽和右旋螺旋槽，其上部外壁设有环形凹槽；壳体下部与引鞋上部之间通过环形凹槽依靠滚子相连；引鞋相对于壳体能够绕其轴线自由转动；偏头引鞋的最大外径不小于壳体的外径；引偏头鞋下端小球面的半径等于偏头引鞋侧壁半径，大球面的半径值不小于小球面半径值的两倍；

偏头引鞋侧壁的左旋螺旋槽与右旋螺旋槽相对于通过偏头引鞋轴心线及其下端大球面球心的平面对称分布；偏头引鞋侧壁的左旋螺旋槽与右旋螺旋槽的螺旋角为15°～45°。

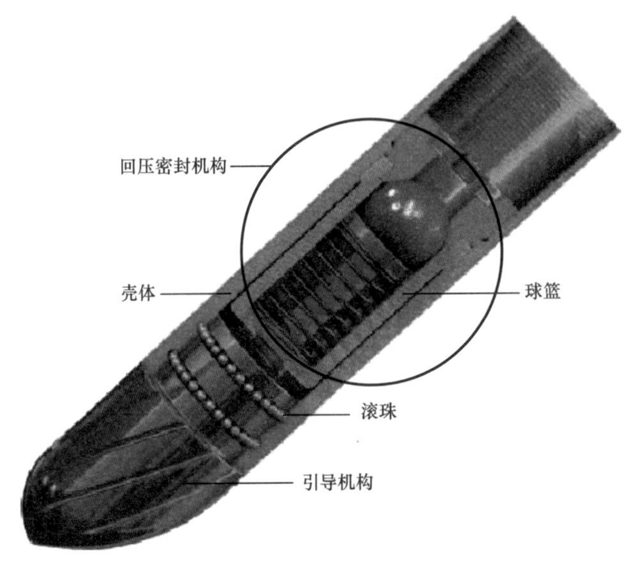

图 4–1 旋转自导式浮鞋结构示意图

使用时将其接于套管柱下端进行下套管作业；下套管过程中，偏头引鞋侧壁的左旋螺旋槽及右旋螺旋槽与井壁接触并发生相对位移时，井壁摩擦力会在偏头引鞋侧壁上产生不同旋向的分力；该分力会使偏头引鞋向相应的方向旋转，直到左旋螺旋槽与右旋螺旋槽同时与井壁接触，产生的摩擦分力大小相等、方向相反，旋转力矩互相抵消时，偏头引鞋才停止转动；此时偏头引鞋下端引导能力较强的大球面始终朝向所接触的井壁，使得即使遇到较大的曲折井段也能顺利通过。

2. 技术参数

旋转自导式浮鞋的技术参数见表 4–2。

表 4–2 旋转自导式浮鞋技术参数

规格	最大外径	钢级	旋转角度	流动阻力	最小通径	耐回压	耐温
139.7mm	153.7mm	TP110T	360°	＜0.5MPa	55mm	50MPa	180℃

3. 性能特点

（1）内部结构功能可靠，液流通道畅通，液流阻力较小。

（2）具有可沿轴线 360° 自由旋转的偏头引鞋，下套管过程中可自动调整导向方位，提高套管柱通过能力，防止下套管时在曲折井段遇阻。

（3）耐温可达 180℃，耐回压能力可达 50MPa，各项性能均优于其他类型的浮鞋。

（4）内部回压装置采用功能可靠性较高的弹浮式结构，一次坐封成功率高。

（5）引导能力强，特别适用于井眼轨迹不规则的井段。

四、套管居中配套下入技术

水平井段固井水泥环的完整程度和良好的密封能力对于水平井分段压裂技术的实施至关重要。理想的固井质量要求是套管外的环空完全由高质量的水泥充填，套管与井壁及套管壁间实现良好胶结，从而达到层间封隔的目的。因此，提高油气井固井质量首先要解决顶替效率的问题（刘崇建，2001），为提高水泥浆顶替效率，需要确保套管居中度较好。试验表明，套管居中度不应小于 67%。

1. 套管扶正器选择及安放位置

如果套管居中度较低，钻井液驱替难度会大幅增加，再好的注水泥设备也不能显著提升驱替效果。为保证套管居中度不小于 67%，必须使用扶正器来提升套管居中度。为了提高套管居中度需要尽可能多地下入套管扶正器，但是扶正器的数量增加，同时也会增大下入套管时的阻力，两者相互矛盾。所以说扶正器的安装位置及安装间距对下入套管的摩阻影响很大，在下套管前需进行合理的扶正器设计。

一般情况下，主要采用弹性限位扶正器、半刚性旋流扶正器和刚性滚轮扶正器来解决套管下入问题。由于长水平段套管重力较大，扶正器必须能够承受较大负荷，不能单独选择弹性扶正器；刚性扶正器容易导致套管下入摩阻增大，因此，水平井固井一般选择半刚性扶正器或多种扶正器组合应用。

主要考虑套管居中程度及下套管摩阻来计算扶正器安放间距。在水平井中，套管受到的载荷要比直井中更为复杂，套管居中的问题更为突出。一般认为在定向和水平井段中，套管会由于重力作用靠近下井壁，而从整个井眼空间来看，由于受局部井眼曲率和方位变化及套管刚度的影响，套管可能会靠近井眼圆周的任何一个方向（冯福平等，2011）。没有扶正器的套管柱一旦与井壁接触，其接触面积有逐渐增大的趋势，势必增大下套管的摩阻，甚至卡套管，类似于压差卡钻；而带有扶正器的套管柱，扶正器与井壁之间是相对的点接触，同时阻止了套管本体与井壁接触面积的进一步扩展，因而合理的扶正器间距可以降低下套管摩阻。下套管摩阻还受到井身轨迹平滑程度、滤饼摩擦因数和套管刚度等因素影响，需要根据具体的井眼条件和钻井液性能合理设计扶正器间距，保证套管顺利下入，达到尽可能提高套管居中度的目的。

套管居中度设计软件和数值力学分析软件也是确保套管顺利下入必备的工具，能够快速、精确地分析和计算不同扶正器、不同安装方法对套管居中影响效果，在固井设计和固井准备过程中广泛应用。中国已有自己开发的固井设计软件，已多次成功应用，通过软件分析可知道扶正器的使用数量和安装位置，能保证 76% 以上的居中度，保证套管的顺利下入和固井质量。

2. 偏心扶正器

对于半刚性扶正器，在长水平段，个数过多亦会增加套管摩阻，导致套管下入困难，为解决这一难题设计出的偏心式套管刚性滚轮扶正器很好地解决了这一难题（任文亮等，2012）。现场实践表明：该偏心扶正器具有很好的通过能力和扶正能力，下面将从工具的结构原理、技术参数、性能特点三个方面对其做简要介绍。

1）结构原理

偏心式套管刚性滚轮扶正器主要由本体、左旋扶正棱、右旋扶正棱、直条扶正棱、滚轮等部件构成，其中高度最高的一对左旋扶正棱和右旋扶正棱上设置滚轮，直条扶正棱高度最低，具体结构如图 4–2 所示，滚轮由滚柱轴承构成，滚动摩擦力极小。

图 4–2　偏心式刚性扶正器结构图

使用该扶正器在下套管过程中，旋向不同的扶正棱与井壁接触时，会使扶正器朝不同旋向发生旋转，直到旋向不同的两条最高的扶正棱同时与井壁下侧接触，此时由于使扶正器旋转的力矩大小相同，旋向相反，扶正器停止旋转，由于最高的两条扶正棱位于下侧，套管被抬高，使得其轴心基本与井眼轴心重合，扶正效果接近于理想扶正器。缩径扶正器而言，其同时具有较好的通过和扶正能力。理想扶正器、偏心扶正器和缩径扶正器扶正效果对比情况如图 4–3 所示。

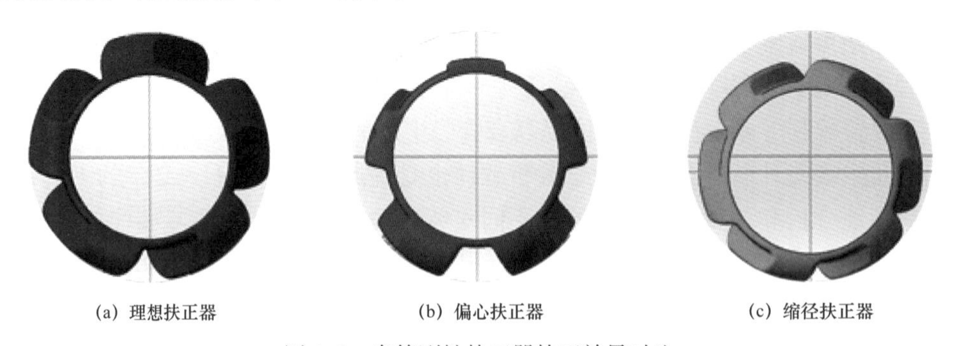

(a) 理想扶正器　　(b) 偏心扶正器　　(c) 缩径扶正器

图 4–3　套管刚性扶正器扶正效果对比

2）技术参数

将偏心式套管刚性滚轮扶正器与常用的普通式扶正器、缩径式扶正器、滚轮式扶正器综合技术性能进行比较见表 4–3。从表 4–3 中可以看出，偏心式套管刚性滚轮扶正器的综合性能远高于其他三种常用的刚性扶正器。

表 4-3　套管刚性扶正器综合性能参数对比

名称	井径 A（mm）	套管外径 B（mm）	扶正器内径（mm）	扶正器外径 D（mm）	摩阻系数 μ	偏离间隙比 α	外径间隙比 β	可靠性 λ	综合性能 θ
普通式	215.9	139.7	142	210	0.35	94.7%	7.74%	1	0.21
缩径式				190	0.35	81.6%	34.0%		0.79
滚轮式				208	0.08	93.4%	10.4%		1.21
偏心式				190	0.02	100%	34.0%		17.00

3）性能特点

（1）具有较小的外径，通过及缩径能力较强。

（2）具有滚珠轴承构成的滚轮，摩阻系数极小（μ<0.02）。

（3）偏心结构可使套管轴心与井眼轴心重合（理论居中度 100%）。

（4）下套管过程中能够自动调整并保持最佳扶正方位。

（5）特别适用于页岩油大斜度井、水平井、缩径井段的套管扶正。

第二节　页岩油水平井固井技术发展及应用现状

自 2002 年以来，美国主要采用水平井技术和分段压裂技术来开发页岩油气资源，使美国页岩油气得到迅速发展，成为页岩油气开发最成功的国家。页岩油气作为中国非常重要且储量很高的非常规资源，近年来中国也加大了对页岩油气的开发力度，在各个油田探区采用水平井分段压裂技术开发页岩油气，并取得一定效果。

页岩储层具有薄片状的层理，其强度、泊松比等各向异性十分突出，储层黏土矿物含量很高，因黏土矿物在水的作用下易水化膨胀，使得页岩具有强水敏性、易膨胀、易垮塌的特点（卢占国等，2013）。所以页岩地层的井壁稳定性问题和储层保护问题突出，在页岩油钻井过程中主要采用油基钻井液。页岩油长水平井钻井及后续多段压裂工艺对套管下入和注水泥固井都提出了新的挑战。

与水基钻井液相比，油基钻井液抗伤害能力强，润滑性好，抑制性强，有利于增加井壁润滑性，保持页岩井壁稳定，能最大限度地保护页岩气产层。但同时因钻井液具有亲油性，在井壁和套管壁处会形成油膜，而水泥为亲水性，这就容易导致水泥在第一界面和第二界面的胶结不好，影响固井质量，缩短使用寿命。所以页岩油固井作业中需要采用高效的前置液，来将井壁和套管壁处转为亲水性，提高水泥胶结质量。同时完井过程中分段射孔及多级水力压裂会对水泥环损伤严重，这就对固井质量提出了更高的要求；同时水泥浆体系必须有良好的弹韧性能，水泥环不仅要有适宜的强度，还要有较好的抗冲击能力和耐久性。

一、漂浮下套管技术

目前，在大位移井、水平井中主要应用的下套管方法有：（1）常规下入法：边下套管边循环钻井液的方法；（2）常规漂浮法：在套管下部密封钻井液，上部掏空形成漂浮段的方法；（3）全掏空下套管法：整个下套管过程不循环钻井液，套管下端密封，靠套管在钻井液中的浮重将套管下入的方法；（4）漂浮下套管法：靠套管漂浮装置，将下部套管密封一段空气或者低密度钻井液，在上部套管灌钻井液的方法。其中，全掏空下套管法和常规漂浮下套管技术易发生装置失效而导致井下复杂情况，所以在大位移井下套管作业中通常使用漂浮下套管的方法。

漂浮下套管技术是使用漂浮减阻器下套管并注入水泥的一种固井工艺技术，其核心部件是漂浮减阻器，能减少下套管时的滑动阻力。其工艺特点是在下套管时通过对斜井段或水平段某段套管进行掏空，提高套管漂浮力，减少下套管摩阻，确保套管下入，然后用钻井液将空气置换出来，建立循环，完成固井作业，其管柱结构示意图如图 4–4 所示。

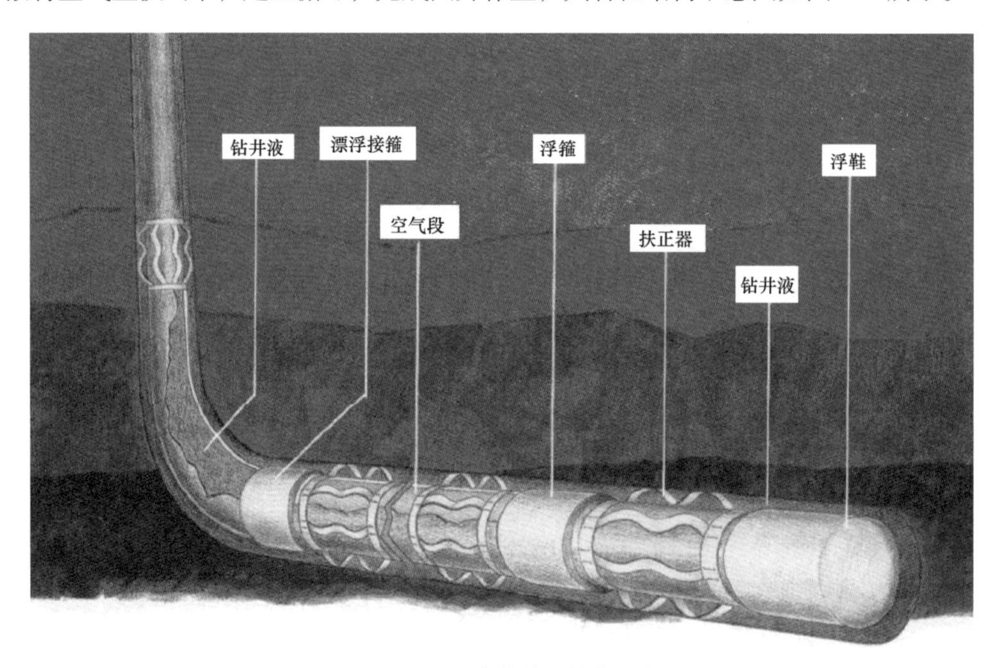

图 4–4　漂浮下套管管柱结构示意图

1. 漂浮减阻原理

在大位移井和水平井下套管时，将承压浮鞋和浮箍连接在套管串底部，下套管串时不注入钻井液，将漂浮减阻器连接在设计位置，然后继续下套管，并开始注入钻井液；漂浮减阻器下面的套管就被掏空了，套管内充满空气，从而增大了套管漂浮体积，套管受到的浮力增大，减小了套管对井壁的正压力，套管所受摩擦阻力降低。

2. 漂浮下套管的技术优势

有两个方面（刘建兵等，2001）：一是可以保证套管安全下入，套管漂浮技术可以减小斜井段或者水平段的下入阻力，与此同时大幅增加井口的载荷，这既可以节省下套管的时间，又可以使得套管更加安全地下入，降低施工风险；二是可以提高固井的质量，因为下入阻力减小了，就能够安装更多的扶正器，保证了套管居中，可以大幅提高固井质量。

3. 漂浮下套管及固井工艺流程

在下套管作业的过程中，一定要注意抓住以下重要的环节：循环清洁井眼、钻井液的性能要注意调整、确保套管漂浮、管柱要居中、套管要一次下到井底。

使用漂浮减阻器下套管及固井工艺流程为：

（1）根据下套管设计和对套管串的减阻要求，确定漂浮减阻器安装位置、个数及漂浮套管段长度。

（2）根据对应套管钢级、壁厚和扣型旋转漂浮减阻器型号和附件结构参数。

（3）套管及附件下入。按下套管作业流程下入套管、专用浮鞋及漂浮减阻器剪不灌钻井液，漂浮减阻器后面下入的套管按规定灌满钻井液。

（4）将剩余的套管下入，根据下入的实际情况进行灌钻井液。

（5）当套管下到井底部时，在地面开泵直到漂浮接箍打开压力。

（6）进行空气置换，待到漂浮段的空气排完后，开泵在套管内灌满钻井液。

（7）在建立循环后陆续投入胶塞，放回水，检查浮鞋、浮箍的性能，最终完成作业。

4. 漂浮工具下入的注意事项

漂浮下套管工艺技术的关键条件是套管抗挤强度。检查漂浮接箍设备的外观是否出现破损及单流阀的完好程度，测量其附件的长度，要注意在运输和吊装的过程中一定不能有所磕碰。漂浮接箍以上静液柱的压力不宜过高，否则如果有激动压力的话会出现漂浮接箍提前打开的危险（刘武，2011）。

二、油基钻井液固井用前置液技术

前置液包括冲洗液和隔离液，前置液的性能和冲洗方法的选择是解决井眼清洗的一个关键因素，这其中包含清洗效果与冲洗效率两个技术指标。清洗效果主要是指冲洗液中的化学表面活性剂对井壁上的油膜滤饼清洗率，使其增溶并达到润湿反转，恢复井壁水润性；冲洗效率是指冲洗液设计量及设计排量，达到流体紊流排量下 10min 以上的接触冲洗井壁时间，从而使冲洗效率达到最优。冲洗液与隔离液共同使用，可以更加有效地清洗井筒并提高顶替效率。

1. 清洗液

对于油基钻井液条件下的页岩油水平井，固井过程中井眼的清洗至关重要。因为应用油基钻井液形成的井壁滤饼为油膜滤饼，常规的水基冲洗液因其亲水性无法将钻井液驱替干净，导致水泥浆与井壁无法胶结，所以需要采用非常规的冲洗液，利用其中的化学冲洗液冲洗井壁，达到润湿反转，来恢复井壁水润性，提高水泥浆顶替效率及水泥和井壁胶结质量。清洗液的清洗机理主要有以下几方面：

（1）乳化增溶，油基清洗液通过亲油基定向吸附于排列在油基钻井液油相中，而亲水基伸向水相，通过乳化、分散、增溶等一系列物理及化学反应，使油基钻井液中的油相进入清洗液中。

（2）渗透作用，油基清洗液具有较强的表面活性，易于分散，能够渗透到油基钻井液乳化剂的“膜”中，使其变脆弱而最终破裂，并不断向井壁深处渗透，再配合紊流冲刷使井壁滤饼剥离。

（3）润湿反转，油基清洗液具有极强的润滑反转能力，能够使原来亲油性的岩石转变为亲水性，从而使后续的水泥浆更容易与第一界面、第二界面胶结。

（4）紊流冲刷，油基清洗液在泵入井下时必须达到紊流状态，这就要求油基清洗液具有极低的黏度，这对于高密度油基清洗液来说具有极大的挑战性。

针对油基钻井液固井对前置液的特殊要求，国内外学者在高效清洗液的研发上也取得一定进展。

Messenger 等（1972）开发了一种油基钻井液固井用油基前置液体系。通过加入一种分散剂后其黏度和胶凝强度要低于钻井液，且有一个较低的临界紊流速度，容易实现紊流顶替。加入一定量的增黏剂后还可以配制成加重前置液。Ronald 等（1995）针对得克萨斯州南部深井开发了一种驱替油基钻井液的可固化隔离液体系，其主要原理是在隔离液中加入具有碱活性的高炉矿渣，在一定条件下隔离液能够与水泥浆一起固化，提高固井界面质量。

Nilsson 等（2004）针对油基钻井液开发了一种化学冲洗液用表面活性剂体系。选用碳分子数为 6～10 的线性或支链型烷基多糖苷作为主表面活性剂，选用异丙基豆蔻酸或菜籽油甲基酯作为助溶剂或助表面活性剂，该表面活性剂体系的加量为用水量的 1%～10%，适用于各种类型的油基钻井液。Ryan 等应用纳米级表面活性剂技术研制出一种水包油型乳化隔离液体系。该隔离液体系对油基钻井液具有更好的乳化增溶能力和润湿反转能力，在美国落基山脉多口井中的应用取得了良好的效果。

Jonathan Brege 等（2012）针对油基钻井液对近井地层的伤害及其高效清除问题，开发了一种微乳液型隔离液体系。表面张力测试、接触角测试、岩心流动测试及现场应用效果表明，该隔离液体系能够很好地清除井筒中的钻井液及其滤饼，解除油基钻井液对地层的伤害。Juan 等（2012）开发了一种热力学稳定的油包水微乳液，可作为一种外加剂加入隔离液中。加入这种微乳液后的隔离液对油基钻井液具有良好的分散能力和溶解能力，对套管和井壁具有良好的水润湿性能，能极大地提高水泥环胶结强度。

为解决二界面胶结质量差的问题，徐明等（2003）设计了一种油基钻井液冲洗液。其组成为：按重量份在清水中加入 2.5～3.5 份氢氧化钠、4.0～5.0 份乙二胺四乙酸、12.0～12.5 份油酸、2.0～2.2 份十二烷基硫酸钠、5.0～5.5 份烷基脂肪醇聚氧乙烯醚。该冲洗液体系在大庆油田的芳深 10 井、芳深 701 井、芳深 8 井应用取得了较好的效果。解洪祥等（2015）开发的润湿反转 SCW 前置液体系，已在多口页岩气井中应用，该体

系主要由非离子表面活性剂、阴离子表面活性剂等组成，利用化学冲洗和物理冲刷作用来冲洗滤饼。

由于不同地区页岩油储层特点不同、所用油基钻井液类型不同，目前，前置液常用的有四种：（1）溶解稀释型冲洗液：主要作用是降低井壁附件的钻井液黏度，冲洗虚滤饼，提高顶替效率，提高界面胶结质量；（2）双作用驱油冲洗液：可以作为冲洗液和隔离液使用，它的密度可调，具有良好的润色反转作用，可以将又润湿界面变为水润湿界面，对清洗油污和井壁上的残余油基钻井液有良好的效果；（3）柔性塞隔离清洗液：黏度高、清洗能力强的隔离液，有隔离和清洗的双重作用，既能对井壁起到清洗作用，又能隔离钻井液和水泥浆，并能有效实现对虚滤饼的溶解和驱除；（4）摩擦型隔离冲洗液：由颗粒矿渣和悬浮清洗液配制而成，具有清洗和隔离双作用，密度条件范围大，具有较高的摩擦系数，像用砂纸打磨井壁上的滤饼，清洗原理结合了机械清洗和化学清洗，清洗效果显著。

2. 隔离液

钻井液和固井水泥浆是两种理化性质完全不同的流体，所以多数钻井液与水泥浆均难以相容。一旦钻井液和固井水泥浆产生直接接触，水泥浆就会产生团状絮凝物质，浆体变得非常黏稠，进而导致流动性能急剧下降等问题（卢占国等，2013）。隔离液要求能够有效隔离钻井液与水泥浆，缓解两者之间的接触污染，在井壁表面形成一层保护层，阻止钻井液伤害油气层、防止泥页岩地层水化膨胀，防止发生油气侵等。

适用于油基钻井液条件下的固井用高效隔离液体系的研究主要侧重于：物理方面通过施工过程中的相关计算得到隔离液体系的最佳流态、用量及改进的配制方式等，提高隔离液体系对油基钻井液的冲刷顶替效率。化学方面通过材料的研发与优选提高隔离液的冲洗、润湿反转及相容性等。

国内外学者研究了通过改变隔离液的流变行为加大油基钻井液—隔离液—水泥浆的流变梯度提高对油基钻井液的顶替效率。李早元等（2004）提出保证钻井液、隔离液体系和固井水泥浆的流变梯度差，则可形成递进的流动剖面状态提高钻井液的顶替效率。为了达到较高顶替效率，隔离液所产生的层流运动需要更高的泵入速率来达到湍流冲洗效果。

国内外研究热点集中于在隔离液中加入不同表面活性剂提高对油基钻井液的清洗效率。如斯伦贝谢公司的 Frederik 等（2009）研发的专门适用于各种类型的油基钻井液条件下固井冲洗液用表面活性剂，该体系选用烷基多糖苷型表面活性剂，辅以油脂甲基酯等作助溶剂。路博润（Lubrizo）公司的 Roderick 等（2015）研究了一种新型表面活性剂溶液，加入隔离液中可有效提高对油基钻井液的冲洗效率和相容性。Seyyed 等（2014）研发了一种由表面活性剂、润湿剂和流型调节剂组成的隔离液，对油基钻井液的冲洗效果较好。

国内外研究发现乳化隔离液比单纯加入表面活性剂的隔离液具有更好的增溶洗油效果。哈里伯顿公司、斯伦贝谢公司、贝克休斯公司及 BJ 服务公司都研发了不同种类的乳化、纳米、微乳及中间相或多重乳化隔离液体系，但对于乳化隔离液体系的设计与使用需要精确测量井底温度，否则易失效或带来其他危害。乳化隔离液体系已在北海、落基山脉等地的多口井中取得不错的效果（Quintero 等，2013；Addagalla 等，2015）。岳前升等（2005）研发一种 HCF 型乳液型滤饼解除液，在井底高温条件下，体系稳定性被破坏，构成乳液的有机相和水相可发挥各自作用达到清除油基滤饼的目的，该体系已在渤海油田广泛应用。华桂友等（2010）研制一种可逆转油包水钻井液，通过发生逆乳化作用形成水包油乳状液，使地层从油润湿性变为水润湿性。

目前国内外的高效隔离液主要分为湍流隔离液、加入表面活性剂的隔离液、乳化隔离液及提高胶结能力的隔离液。其中湍流隔离液虽可增大隔离液对油基钻井液的顶替和冲洗效率，但对于界面置换效果较差，还是会影响固井胶结质量。加入表面活性剂的隔离液和乳化隔离液均可明显提高残余油基钻井液的清洗效率，但对于加入表面活性剂的隔离液体系而言，大都只是单纯依靠工程性能改变表面活性剂组分提高其效能，尚未形成科学合理的表面活性剂选型方法，具有较大的盲目性。而对于乳化隔离液体系的设计则需匹配精确的井底温度，若温度测量值有误，则乳化隔离液易失效或带来其他危害。提高胶结能力的隔离液体系虽可与水泥浆一起固化，但油基钻井液是无法固化的油性流体，若残留在环空内仍会影响固井质量，并可能产生气窜。

以上四种隔离液体系均未考虑在复杂工况条件下，滞留的油基钻井液并不能完全被清除，但也不能使残余的油基钻井液污染固井水泥浆影响其性能。所以要求高效隔离液体系不仅能在较短时间内有效清除油基钻井液，还能有效缓解油基钻井液污染固井水泥浆的影响。因此，针对油基钻井液条件下的高效隔离液选材机理研究必须从油基钻井液接触污染固井水泥浆性能的影响机理出发，建立高效隔离液用表面活性剂的优选方法进行更深层次的探索，为今后隔离液体系的设计奠定基础。

三、页岩油固井水泥浆体系

油井水泥是油气井固井的主要原材料，因页岩油井固井中存在易漏失等复杂问题，同时为满足水平井分段压裂要求，使得页岩油井的固井工艺更加复杂，对固井质量要求也更高。油井水泥性能也随着固井工艺技术要求的提高而不断发展和完善。

页岩油开发采用长水平段水平井模式，页岩储层采用油基钻井液钻进，大型分段压裂技术完井。因此，固井面临着水平段长、套管下入困难、油基钻井液井筒清洗困难、第一界面和第二界面胶结质量差、分段射孔及大型压裂对水泥环损伤严重、水泥石强度和韧性要求高等技术难题。

1. 页岩油固井水泥浆体系应具有的性能

1）浆体稳定性

水泥浆应具有良好的浆体稳定性，以保证水平段套管内水泥环厚薄均匀；另外水泥浆的自由液量应为零，以有效防止窜槽现象发生。

2）保证压裂完井水泥环的完整性

页岩气井分段压裂技术会对水泥环的完整性造成很大的影响，平均单井压裂段数在19段左右；压裂时，井口压力在80～90MPa，这样多段数、高压力的压裂强度会引起封固水泥环开裂破坏：一是水泥环与套管的弹性和变形能力存在差异性，当受到由压裂产生的动态冲击载荷作用时，水泥环受到较大的内压力和冲击力，引起水泥环发生径向断裂；二是压裂作业的冲击作用大于水泥石的破碎吸收能时，水泥环会破碎。水泥环的完整性破坏将直接影响页岩气的采收，因此，页岩气井固井不仅要求水泥环具有适宜的强度，还要具备较好的抗冲击能力和耐久性。

3）与油基钻井液的配伍性

页岩气钻井一般采用油基钻井液进行钻进，井眼中残留的油基钻井液及其滤饼严重影响着水泥浆的胶结力。若要保证固井质量，一方面需对残留的油基钻井液及其滤饼进行有效清除，改善胶结面的亲水性；另一方面需着力提高水泥浆与油基钻井液的配伍性，提高界面胶结强度。

4）防窜性能

由于油气多为伴生存在，在长水平段做好防窜是固井的重要指标。页岩地层中气体最为活跃，易窜流，直接影响气层的采收率，不利于增产措施实施。水泥浆良好的防窜性正是保障页岩气井长期有效封固的关键。只有水平段页岩气层获得了有效封固，才能获得良好的油气采收率。

2. 页岩油固井水泥浆体系的相关研究

因页岩油的开采属于起步阶段，目前国内外还未形成完善的页岩油固井水泥浆体系，而页岩气的开采技术已经十分成熟，因同属页岩地层，页岩气井的固井水泥浆技术可为页岩油固井提供重要的参考价值。为有效提高页岩气井的固井质量，国内外施工作业者和研究人员对不同的材料与水泥混合后的水泥石性能进行了大量的选择和研究。

Colavechio等（1987）针对弗吉尼亚西部泥盆系页岩低破裂压力引起的漏失问题，研制了一种含35%～45%氮气的泡沫水泥浆体系。该水泥浆体系保证了环空充满水泥浆，进而为后续的压裂作业提供了保障。

Harder等（1999）针对美国阿托卡地区页岩气井中打水泥塞时，由于油基钻井液的掺混使得水泥塞强度很低的情况，研制了一种表面活性剂水泥浆体系。在水泥浆中加入1%体积量的表面活性剂后，可减少油基钻井液的掺入量，同时降低油基钻井液对稠化时间、流变性和强度的不良影响。

Williams等（2011）针对美国玛西拉地区页岩气井在完井后套管带压严重的情况，研制了一种膨胀柔性水泥浆体系。水泥石自身的体积膨胀性能配合良好的隔离液体系和技术措施，使水泥环的层间封隔能力大幅加强。使用该水泥浆体系的页岩气井在压裂后均未出现套管带压现象。

美国斯维尔地区页岩气水平井井底温度高达182℃，井底压力高达83MPa，易发生环空气窜，环空间隙和密度窗口窄，固井过程中易发生漏失。针对这些难点，Williams

等（2012）利用颗粒级配技术研制了一种颗粒级配水泥浆体系。该水泥浆体系各方面综合性能良好，具有较高的强度，已在该地 390 余口页岩气井中应用。Cole 等（2009）针对这些问题研制了一种胶乳水泥浆体系。该胶乳水泥浆体系能耐 200℃以上高温，具有很低的失水量。胶乳增加了水泥石的耐腐蚀性、抗拉强度和弹性，使得水泥石在压裂作业和井的整个生命周期中都能保持完整性。

陶谦（2011）等研发了具有较高强度和弹塑性的 SFP 弹韧性水泥浆体系，所用弹性材料 SFP-1 和韧性材料 SFP-2 可提高水泥环的动态力学性能和抗冲击破坏能力。该水泥浆体系已在黄页 1 井、泌页 HF-1 井、新页 HF-1 井等页岩气井中应用，取得了良好的效果，其中泌页 HF-1 井固井质量全井优质。

3. 常用的页岩油固井水泥浆体系

1）弹韧性可膨胀水泥浆体系

该水泥浆体系在目前固井现场中应用最广泛，具有较好的韧性，在压裂过程中能抵抗水泥石的应力变化，减少裂纹的出现。

2）自修复水泥浆体系

该水泥浆体系具有自动修复的功能，且水泥浆的弹韧性也较好。在水泥浆体系中加入苯丙乳胶后，能使水泥石具有较高的胶结强度和较低的弹性模量，水泥石在压裂破坏后，遇到碳水化合物能后自愈合。

3）泡沫水泥浆体系

该水泥浆体系适合应用于容易漏失的地层固井，具有防漏的功能，应用最好的是充氮泡沫水泥浆体系，具有很好的弹韧性和防气窜性能。

四、固井储层保护技术

钻井和完井的最终目的是钻进油气储层并且形成油气流动通道，为后期的油气藏开采提供良好的生产条件。因页岩地层多发育裂缝，固井过程中易发生漏失，高黏土含量的页岩地层遇水会发生水化膨胀，这将严重伤害储层结构，阻碍流体流动通道。严重的储层伤害会极大地削弱油气井产能，所以在页岩油固井作业中，要对油气层的伤害机理加以研究，采取合理有效的油气层保护技术，来确保页岩油井后期的高效开发。

1. 固井作业对储层的伤害

固井作业对储层的伤害来自水泥浆、前置液的浸入。

注水泥过程中水泥浆对储层的伤害主要有两个方面：一是水泥浆滤液浸入地层；二是水泥浆固体颗粒侵入地层，堵塞孔隙通道。正常情况下，在井壁滤饼的保护作用下，以大颗粒为主的水泥浆固相侵入地层不严重，储层伤害主要来自钻井液滤失。滤液对储层的伤害主要有以下方面：滤液与地层矿物不匹配，黏土矿物膨胀分散；水泥的水化作用使氢氧化物过饱和而发生结晶，沉淀在孔隙内；滤液中的氢氧化物与地层中的硅发生化学反应，生成黏性化合物；滤液与钙离子接触，容易生成碳酸钙或硅酸钙水合物沉淀；滤液 pH 值过高时也会促使地层中黏土矿物发生水化膨胀。

在固井注水泥前，需要注入前置液来排除井筒内的钻井液，冲洗液和隔离液在高压条件下以紊流状态注入，容易冲刷掉部分滤饼，同时在高压差作用下，前置液滤液对地层的浸入量也会增加。水泥浆浸入地层的一个重要原因是采用高压挤水泥作业。固井质量同样影响地层伤害程度，如果固井质量不好，后续作业所用工作液会沿水泥环渗入地层，从而对地层造成严重的伤害。

固井作业对油气层伤害原因有很多，实质上其伤害机理有以下几个方面：外来流体与储层岩石矿物不配伍引起的伤害；外来流体与储层流体不配伍引起的伤害；固体颗粒堵塞引起的伤害；毛细管现象引起的伤害。在页岩油固井作业中，伤害最严重的是水泥浆固相颗粒和黏土的水化膨胀，所以在固井施工中应合理选用降失水剂，失水量少的水泥浆不但能减少浸入储层的流体，降失水剂还能在岩层处形成一个滤失屏障，减少水泥颗粒进入岩石。

2. 降低储层伤害措施

提高固井质量是固井作业中保护储层的主要措施。为了使水泥与套管、水泥与井壁固结好，形成的水泥石强度高，油气层封隔好，不窜、不漏，可采取多种技术措施。

1）改善水泥浆性能

推广使用 API 标准水泥和各种优质外加剂。根据产层特点和施工井况，采用减阻、降失水、调凝、增强、抗腐蚀、防止强度衰减等外加剂，合理调配水泥浆性能指标，以满足安全泵注、替净、防伤害、耐腐蚀及稳定性的要求。

2）合理压差固井

严格按照地层压力和地层破裂压力设计水泥浆密度及浆柱结构，并采用密度调节材料满足设计要求，保证注水泥过程不发生水泥浆漏失。漏失严重的井必须先堵漏、再固井。推广使用固井设计软件，可以仿真模拟固井全过程，来指导固井作业，大幅提高固井质量。

3）提高顶替效率

注水泥前，必须处理好钻井完井液性能，使其具备流动性好、触变性合理、失水造壁性好的特点，并采用优质冲洗液和隔离液、合理安放旋流扶正器位置、主要封固段紊流接触时间不低于 7～10min 等方法，让滞留在井壁处的钻井液“死区”尽量顶替干净。

4）防止水泥浆失重引起环空窜流

水泥浆候凝过程中地层油气水窜入环空，是水泥浆失重引起浆柱有效压力与地层压力不平衡的结果。如果高压盐水窜入水泥柱，还可导致水泥浆长期不凝。防止环空窜流，除确保良好的顶替效率外，主要措施是采用特殊外加剂通过改变水泥浆自身物理化学特性以弥补失重造成的压力降低。最有效的方法是采用可压缩水泥、不渗透水泥、触变水泥、直角稠化水泥及多凝水泥等。此外，还可采用分级注水泥、缩短封固段长度、井口加回压等技术措施。

5）降低水泥浆失水量

为了减少水泥浆固体颗粒及滤液对储层的伤害，需要在水泥浆中加入降失水剂，控制失水量小于250mL（尾管固井控制失水量小于50mL）。控制水泥浆失水量不仅有利于保护储层，还是保证安全固井、提高环空层间封隔质量及顶替效率的关键因素。

3. 固井过程中储层保护配套技术

1）常规固井工艺的储层保护

常规固井是指井下无异常情况、无特殊工艺的固井施工。其固井储层保护主要采用低滤失、高流动性水泥浆体系（滤失量一般都控制在70mL以内，自由水量接近0，流动阻力很小），既能在现场可泵流速下达到紊流，又有很小的流动阻力，从而在泵送过程中大幅减少对储层的回压，以减少水泥浆滤液和水泥颗粒进入储层，从而减少地层孔隙的堵塞。

2）漏失井固井的储层保护

针对地层压力很低的区块，若用常规固井工艺，不仅会发生水泥浆漏失，造成层间不能封固，还会严重伤害储层，造成油井产能下降。现场应用较好的工艺技术主要是封隔器—分级箍双级注水泥工艺和水泥伞—分级箍双级注水泥工艺（李社坤等，2017）。

封隔器—分级箍双级注水泥工艺是在底部油藏漏失井固井时，在套管串底部分布安装一个盲引鞋、封隔器和分级箍，当套管串下到井底后，依次胀开封隔器，打开分级箍，循环钻井液，然后注水泥固井。这样可以保证固井时水泥浆不会向产层漏失。

水泥伞—分级箍双级注水泥工艺是在套管串底分别安装一个盲引鞋、水泥伞、旋流短节、浮箍和分级箍，分级箍以下套管长度30m左右。当套管串下到井底后，开泵循环，先注水泥封固漏层以上30m套管，并打开分级箍循环，由于30m封固段压差增加不大，水泥伞可以支撑，不会伤害储层。等水泥浆凝固后，再进行上部套管注水泥固井。这样在固井时下部水泥已经封隔漏层，水泥浆不会向储层漏失。

3）水平井固井储层保护

采用水泥伞—分级箍组合防水泥渗漏保护储层技术。管串组合改为：盲鞋+水泥伞+割孔短节（孔在水泥伞内）+3根套管+水泥浮箍+分级箍+管串。改进后的ϕ244.5mm技术套管采用两级固井，第一级封固30m，液柱压力增加很少，因为下部有水泥伞，所以不会漏失。采用连续打开式分级箍可及时循环出多余水泥浆，30m水泥浆封固段把潜山漏层（油层）封隔，以保证二级固井（张宏军等，2001）。这样大幅减小了固井水泥对储层的伤害，然后下筛管（尾管）开采，使原油产量明显提高。

4）长封固段井固井的储层保护

水泥封固段过长，在施工过程中不仅易造成钻井液窜槽、砂堵憋泵、水泥浆失重等问题，还会严重伤害储层。针对这一问题，国内油田研究应用了多种配套工艺技术，并取得了良好的效果：（1）分级注水泥工艺，把长封固段改为短封固段施工；（2）采用低密度水泥浆体系（主要是泡沫水泥浆体系、粉煤灰水泥浆体系和膨润土水泥浆体系）固井，在水泥石强度保证井下要求的情况下尽量降低水泥浆密度（一般为1.50～1.75g/cm^3），以降低水泥浆液柱对油层的压力；（3）采用超低密度水泥浆充填技术，对于上部无油层的长封固段井，上部采用1.3～1.5g/cm^{3}的超低密度水泥浆作为充填剂，以满足支撑套管和封隔地层的作用（油层段采用高密度水泥浆封固，以提高封固质量）；（4）采用低滤失量高分散水泥浆体系，以减少水泥浆滤失和流动阻力，以保护油层；（5）采用封隔器封隔油层上部，不用环空憋压，从而减小液柱对油层的压力。

5）高压、低渗透率井固井的储层保护

高压、低渗透率井的储层孔隙压力较高，但渗透率很低。由于储层孔隙度较小，稍有水泥颗粒进入地层就会造成永久性堵塞，完井后往往不能出油。该类型的井由于地层压力很高，固井作业时为防止水泥浆失重，多采取压稳候凝（如加重钻井液、双凝水泥浆、环空憋压等）的方法，这更有利于水泥浆滤液进入储层，造成储层伤害。因此，国内油田研究应用了封隔器完井或封隔器辅助固井，即在油层上下用封隔器封隔油层段，油层段不固井，或整段固井但油层段用封隔器封隔，以减小水泥浆对储层的伤害。同时采用低滤失量、高密度水泥浆体系，减少水泥浆滤失，提高水泥石强度和胶结强度，从而既能有效封隔油气层，又能减少水泥浆滤液与水泥颗粒进入储层。

6）水泥浆充填管外封隔器技术

水泥浆充填管外封隔器技术不但能有效解决高压、低渗透率井，漏失井，小眼井，欠平衡井，漏失井等复杂井固井完井及储层保护问题，而且解决了钻井液充填封隔器寿命短的问题（张言杰等，2003）。该技术在胜利油田的车古 201 区块及纯西区块固井中取得了良好的效果，能有效避免水泥浆对地层的伤害，提高油井产量和整体效益，该技术不但防止了水泥浆对油层的伤害，还能解决复杂井固井施工难度大的问题，大幅提高了施工成功率，降低了钻井成本。

7）筛管顶部固井保护储层

筛管顶部固井就是筛管顶部注水泥。该工艺在水平井中使用较多，直井中也常使用。它一般是在储层上部下技术套管，打开储层后，在储层段下入筛管，不用水泥封固，将筛管顶部的套管注水泥固井，保证储层与其他层位的有效封隔，使储层段不与水泥浆接触，从而避免储层伤害。

目前，中国固井储层保护技术已取得较大的发展，后续还需结合页岩油藏特点不断完善和发展，来进一步提高页岩油固井油气层保护技术。

五、固井质量测井与评价技术

固井的目的是封固疏松地层，封隔油（气、水）层，防止互相窜通，保证油气井正常开采，注水井正常注水，满足油气开发的需要。如果地层间没有做到有效封隔，在油气生产时，可能会有油、气、水同时采出的现象，甚至只出水不出油，给油（气）井的生产带来许多问题，造成很大的经济损失。为了找出固井质量差的井段，好及时采取补救措施，在固井作业结束后，需要对固井质量进行检查，确定固井水泥是否有效封隔了地层，从而确保后期油气井能安全顺利开采。固井质量测井就是检查水泥与套管、水泥与地层间封隔情况的测井方法。

1. 页岩油水平井测井与评价技术概述

页岩油井普遍采用1层导管+3层套管的井身结构或是2层导管+3层套管的井身结构，具有井身结构特殊、井斜度大、水平井段长、井眼轨迹不规则等特点，水平井固井质量测量主要采用牵引器输送工艺和钻具输送存储式测井技术（李社坤等，2017）。

牵引器作为一种新型的测井仪器输送工具被广泛应用于水平井生产测井。该测井工艺施工简便、节省工时，深度控制准确，且测井过程中油井可以正常生产，但该测井工艺的输送动力较小、对井筒技术条件要求较高（套管内径规则、井筒内无杂物）。

存储式固井测井系统主要适应大位垂比井的施工，通过地面和井下仪器的时间信息，实现地层深度、测量信息的匹配，完成无电缆测井，是一种快速、安全、可靠的测井方式。和电缆测井仪器性能指标完全相同，测出的声波幅度测井（CBL）、声波变密度测井（VDL）和磁性定位测井（CCL）曲线和电缆式测井测出的曲线一致性较好。

国内外用于固井质量评价方法主要有声幅—变密度（CBL-VDL）测井技术、扇区胶结声波测井技术（RIB、SBT）、环井周超声波测井技术（CAST-V）、水泥评价测井技术（CET）、声波伽马—密度测井技术（MAK2-SGDT）和套后成像测井技术（Isolation Scan-ner）（汪成芳等，2014）。非常规页岩油井水平段固井质量评价方法主要采用CBL-VDL评价方法和RIB八扇区水泥胶结评价方法。CBL-VDL测井资料主要采用钻具输送存储式测井技术录取，RIB八扇区水泥胶结测井资料主要采用牵引器输送工艺录取。

2. 页岩油水平井固井质量影响因素

页岩油水平井水泥胶结测井质量的主要影响因素包括套管不居中、仪器偏心、油基钻井液等。

1）套管不居中

水平井中的套管在弯曲井段和水平井段受重力作用影响大，易使其严重偏心，很难保证套管居中度。页岩油井为了达到有效开发和试验相关工艺的目的，普遍采用长水平段水平井钻井技术，造斜段（水平段）套管居中度难以得到保证。套管偏心造成管外水泥环厚度不均，重力分异作用，在井眼上方水泥最容易缺失，引起固井质量下降。

2）仪器偏心

仪器居中时，不同方向套管波到达接收器的时间和相位一致，仪器记录的幅度是不同方向的同相位套管波幅度的集合。而仪器偏心时，不同方向套管波到达接收器的路程和时间不一致，这样相位也不相同，因此仪器记录套管波幅度要比仪器不偏心时偏小，严重影响利用CBL评价第一界面固井质量的可靠性。

3）油基钻井液

页岩油井水平段采用油基钻井液钻进，固井时需要足量的特殊化学冲洗液来恢复水润湿性，达到润湿性反转，提高水泥浆顶替效率及水泥与井壁的胶结质量。油基钻井液与两个界面的超强附着力及高黏度给水泥浆顶替带来了很大的难度，顶替不干净会严重影响水泥与两个界面的胶结质量，整体表现为固井质量很差。此外钻井液密度、黏度越

高，流动性越差，固井时顶替效率也会越差，从而造成洗井不干净，井筒内会留有油基钻井液混合物，套管壁上残留的大量油膜会使水泥浆和套管壁面不能够进行有效胶结，导致水泥环与套管间形成微环隙，造成第一界面、第二界面均显示胶结差。

3. 页岩油水平井固井质量评价方法

1）CBL–VDL 固井质量评价方法

作为国内应用最广泛的固井质量检测方法，CBL–VDL 测井不仅记录了首波幅度值，还记录了包括套管波、水泥环波、地层波、钻井液波在内的后续波，信息量非常丰富，能够定量评价第一界面、定性评价第二界面水泥胶结质量，但易受微间隙和仪器偏心影响。

（1）利用相对幅度法定量评价第一界面水泥胶结质量。

根据 CBL 的幅度值，采用相对幅度法定量评价第一界面的固井质量。在没有其他因素影响的条件下，CBL 值高反映第一界面水泥胶结差，CBL 值低反映第一界面水泥胶结好。相对幅度 CBL 定义为：

$$\text{CBL}=\frac{\text{目的层段的声波幅度值}}{\text{自由套管段的声波幅度值}}\times 100\% \tag{4-3}$$

当相对幅度不大于 15% 时，确定为胶结优等；相对幅度在 15%～30% 时，确定为胶结中等；相对幅度不小于 30% 时，确定为胶结差。

（2）利用 VDL 波形特征定性评价第一界面、第二界面水泥胶结质量。

声波变密度测井图（VDL）采用灰度变化显示波列波形幅度，根据灰度的深浅反映套管波和地层波信号强弱，结合裸眼测井补偿声波曲线与波形的叠加显示，综合定性判断第一界面、第二界面的水泥胶结质量。

2）RIB 固井质量评价方法

RIB 八扇区水泥胶结测井仪器提供常规的 3ft 和 5ft 固井质量测井评价，同时能获得 8 个扇区的测井资料。实际测井施工时，RIB 仪器需要进行现场刻度。首先在空气中进行零刻度，再将仪器下放至井中自由套管处，将 3ft 声幅刻度值设置为 72mV（或 100%），八扇区声幅刻度值设置为 90mV（或 100%），经信号调整后，进行正刻度，用刻度后的数据进行测井。测井时如无自由套管，应调用同尺寸套管井刻度数据，或固井前提前在空套管刻度。

（1）第一界面水泥胶结质量定量解释。

通过规律总结，对于直井、中斜度井，CBL 反映的第一界面信息与八扇区水泥胶结图一致，仍可用其评价第一界面的胶结质量。但随着井斜的增大，CBL 反映的第一界面信息与八扇区水泥成像图存在一定矛盾，此时 CBL 曲线所测数值偏低，反映不了实际水泥胶结状况，建议采用 RIB 平均声幅值，利用相对幅度法定量评价第一界面水泥胶结质量。当平均声幅值不大于 20% 时，评价为胶结优等；平均声幅值介于 20%～40% 之间时，评价为胶结中等；平均声幅值大于 40% 时，评价为胶结差。RIB 能够定量评价第一界面、定性评价第二界面水泥胶结质量，直观显示水泥沟槽和空隙，便于识别微环空，适用于薄层油气及油气关系复杂井的固井质量评价。

（2）水泥胶结成像图定量解释。

RIB 水泥胶结成像图细分五级刻度，以相对幅度 E 值作为划分标准。当 E 值在 0%～20% 之间，表示水泥胶结良好，成像图灰度颜色为黑色；当 E 值在 20%～40% 之间，表示水泥部分胶结，成像图灰度颜色为深棕色；当 E 值在 40%～60% 之间，表示水泥部分胶结，成像图灰度颜色为棕黄色；当 E 值在 60%～80% 之间，表示水泥部分胶结，成像图灰度颜色为浅黄色；当 E 值在 80%～100% 之间，表示水泥没有胶结或为空套管，成像图灰度颜色为白色。

（3）水泥胶结质量定性解释。

根据 RIB 八扇区水泥胶结成像图颜色、变密度波形显示特征，结合裸眼测井补偿声波资料，定性判断水泥胶结状况及胶结级别。

① 自由套管：声幅、最大声幅、最小声幅、平均声幅曲线保持较高的稳定值，套管接箍处测量值有所降低，八扇区成像图呈亮色显示；变密度波形显示为黑白相间的直条带，接箍处呈人字纹变化。

② 第一界面、第二界面胶结均好：声幅、最大声幅、最小声幅、平均声幅曲线保持较低的稳定值，八扇区胶结成像图呈深色显示；变密度波形显示套管波衰减缺失，有明显的地层波，显示出黑白相间的起伏条带。

③ 第一界面好、第二界面中等：CBL、最大声幅、最小声幅、平均声幅曲线保持较低的稳定值，八扇区胶结成像图在胶结好处呈黑色显示；反之，呈浅色显示；变密度波形显示的套管波比自由套管弱，在套管波之后显示出地层波。

④ 第一界面中等或差、第二界面差：CBL、最大声幅、最小声幅、平均声幅曲线保持较高或中等的稳定值，套管接箍处测量值有所降低，八扇区胶结成像图呈白色、浅棕色显示；VDL 曲线显示为黑白相间的直条带，接箍处呈人字纹变化。

第三节　页岩油水平井固井技术发展展望

因页岩油储层性质的特殊性，固井面临着水平段长、套管下入困难、油基钻井液井筒清洗困难、第一界面和第二界面胶结质量差、分段射孔及大型压裂对水泥环损伤严重、水泥石强度和韧性要求高等技术难题。常规的水平井固井技术很难达到页岩油固井要求，所以探索适用于页岩油藏固井的新技术，对提高页岩油固井质量及页岩油井高效开发具有重要的意义。

一、弹韧性水泥浆体系

通过总结和分析国内外在水平井固井存在的问题及页岩油储层固井对水泥浆体系性能的要求，构建符合固井要求的弹韧性水泥浆体系是当前的重要工作内容。弹韧性水泥

浆的关键技术指标是抗冲击韧性，材料的抗冲击韧性是材料对外界能量吸收方式的一种体现，与材料的骨架和填充物对外界能量的吸收和承载能力有关。韧性是材料变形时吸收变形力的能力，表示材料在塑性变形和断裂过程中吸收能量的能力，反映了材料在断裂前吸收能量和进行塑性变形的能力，是物体承受应力时对折断的抵抗，是在破裂前所能吸收的能量与体积的比值，韧性越好，发生脆性断裂的可能性越小。韧性通常以冲击强度的大小来衡量，韧性好的材料较柔软，其抗冲击强度较大，弹性模量相对较小。

一般加入弹性体可增加材料的韧性，加入无机填料可增加材料的刚性，将弹性体的韧性和填料的增强结合起来，可以对材料进行韧性和刚性的协同改造。韧性对材料的内部结构缺陷如夹杂物、孔隙、内部裂纹及对显微组织的变化很敏感，内部结构缺陷的存在会降低材料的韧性。因此在改进材料的韧性性能时需要充分研究和分析材料的特点。对于低渗透率水平井压裂完井固井水泥石来说，通过对水泥石凝胶体和水泥石填充介质的分析和评价，可以获得具有一定抗冲击韧性的水泥浆体系。

水泥石的韧性改进，通常会采用纤维和胶乳、胶粉类惰性的韧性材料通过充填和表面胶结的方式来实现，一些具有孔隙充填性能的微细材料也具有一定的韧性改进效果。油井水泥纤维增韧材料可提高高应变率水泥环的韧性，防止水泥环破坏和油气井套损，纤维增韧材料可以提高水泥石射孔后脆裂特性，保证宏观试件射孔后的完整程度，是韧性水泥浆的最佳选择之一。在一般情况下，凝固水泥呈现脆性，其抗拉、抗剪和抗冲击的性能较差，在将凝固水泥用于油气井注水泥作业时，其固结井壁的水泥环厚度较薄，受到外力作用，易造成水泥环的破碎和密封质量下降。钻井过程中，井壁与套管间的水泥环受钻柱振动撞击作用和液柱压力的影响，可能使水泥环和胶结面受到破坏。

1. 纤维增韧水泥石

在水泥中加入纤维材料，提高水泥石的塑性是提高水泥石承受井下外力作用的较好方法。最早使用的纤维水泥是钢筋混凝土，随着金属加工技术的提高及有机纤维和无机纤维加工技术的发展，出现了不同成分、不同直径和不同长度的纤维混凝土和掺纤维混凝土，混凝土中添加纤维增韧的方法同样可以在油井水泥浆的增韧方面得到应用。

1993 年法国 Bouygues 公司率先研制出一种新的超高性能、高韧性水泥基复合材料，由于增加了组分的细度，因此被称为活性粉末混凝土（Reactive Particle Concrete，简称 RPC）。RPC 是应用颗粒级配理论来解决小颗粒级配以达到最大密实堆积。采用的原材料平均颗粒尺寸在 0.1μm～1mm 之间，目的是尽量减少混凝土中的孔间距，从而使水泥石更加密实。RPC 的制备采用了以下措施：

（1）提高颗粒细度，提高浆体及水泥石的均匀性；

（2）优化颗粒级配，并在凝固前和凝固期间加压，以提高水泥石的致密程度；

（3）凝固后在一定温度下养护，以改善水泥石的微观结构；

（4）掺混微细的钢纤维、有机纤维或无机纤维以提高韧性。

掺有直径 0.15～0.20mm、长度不大于 3mm 的 RPC800 纤维，其优越的性能使其在石油工业中有广阔的应用前景。它增强了水泥石的韧性、减缓了射孔及钻头的冲击破坏作用，改进发展的RPC已和固井用的纤维水泥非常接近。

美国最早开始使用纤维水泥固井在1991年，主要研究的是尼龙类的合成纤维，并生产出减弱射孔损伤的弹性水泥。苏联学者于1979年在乌兹别克和达特塞克用纤维水泥进行固井，其纤维水泥主要由温石棉、外加剂和水组成。1993年以来，国内已开展纤维水泥的研究，并建立了材料动态力学性能测试装置和固井综合实验装置，研制出以碳纤维和石棉纤维为主体的纤维水泥浆体系。

纤维水泥不仅改善了水泥石的微观结构，还对水泥环的抗拉强度、抗压强度、抗冲击强度、胶结强度及射孔时出现的裂纹现象都有所改善，特别适用于以下情况的注水泥作业：

（1）在深井技术套管的固井中，使用纤维水泥浆体系，可以减缓钻井时旋转钻杆对水泥环的撞击破坏作用；

（2）在大斜度井及水平井固井作业中，采用纤维水泥浆可以提高水泥环承受拉力及弯曲力的能力；

（3）在密封质量要求严格的调整井、射孔井、薄油层井及需酸化压裂的井，采用纤维水泥浆固井可以维持水泥环的有效性。

页岩油储层多采用水平井开采，为了增加产量，一般采取压裂等强化增产措施，而强化增产措施可能使水泥环受到较大的内压力和冲击力。因此，在这种情况下，使用纤维水泥固井则显得非常必要。

根据纤维水泥在井下的使用条件，纤维材料必须满足如下要求：

（1）纤维的细长比是增加纤维水泥石塑性的主要指标，细长比越大，纤维水泥石的塑性越强；此外，纤维的细长比同时还影响水泥浆的其他性能。因此，确定纤维的合理细长比是非常必要的。

（2）水泥浆中尺寸最大的纤维应能顺利地通过浮箍、分接箍等套管下部结构，并能均匀地泵送到环形空间所设计的位置。

（3）尺寸最小的纤维所构成的水泥环，能够承受钻头、钻杆和射孔等产生的冲击和振动。

（4）为了增强纤维在水泥中的黏结作用，纤维表面需进行增附处理。

（5）纤维在水泥浆中的合理掺量，除了考虑（2）（3）的要求外，还必须满足固井施工的其他优良性能指标要求。

2. 胶乳增韧水泥石

除纤维外，在水泥浆中加入具有韧性的材料，在一定程度上可以改善水泥石的韧性。胶乳颗粒是一类具有良好弹性和韧性的材料，胶乳水泥浆可以配制成较好的韧性水泥浆，但是胶乳水泥浆只是在胶乳的含量达到一定的量后，其水泥浆的韧性性能才表现得较为明显，这为水泥浆的配制和稳定提出了更高的要求。胶乳作为外掺料加入水泥中，可以提高水泥的抗折强度和胶结性能，因而最早应用于建筑领域。1958年，胶乳水泥浆开始在美国应用于油田固井工程。胶乳用于油井水泥浆具有以下特点：

（1）胶乳水泥浆有很好的抗折强度，减少了射孔过程中水泥环的破裂概率；

（2）胶乳水泥浆具有成膜性和不渗透性，能起到防气窜效果；

（3）胶乳粒子堵塞水泥浆内部空隙，在压力作用下滤失时迅速成膜，降低失水量；

（4）由于胶乳水泥浆具有致密性和不渗透性，因而水泥石的抗腐蚀能力增强，有利于延长生产井的寿命。

胶乳实际上是一种乳化的聚合物体系，是直径30～200nm的聚合物球形颗粒分散在具有一定黏度并含有分散剂和表面活性剂的水溶液中而形成的。通常这种体系的固相含量为50%左右，乳液密度为1.00～1.02g/cm^3。

根据所用乳化剂种类的不同，胶乳可分为阳离子型（带正电）胶乳、阴离子型（带负电）胶乳及非离子型（不带电）胶乳。曾被用于和正用于水泥外加剂的胶乳有聚醋酸乙烯酯、聚苯乙烯、氯苯乙烯、氯乙烯共聚物、苯乙烯—丁二烯共聚物（SBR）、氯丁二烯—苯乙烯共聚物及树脂胶乳等。胶乳水泥石具有一定的非渗透性，可以有效地防止高压油（气、水）的渗透。

胶粉充填水泥浆是可供选择的制备韧性水泥浆的手段之一，该方法不仅成本低，还使用方便。水泥浆中加入橡胶粉，在水泥的胶结作用下，在孔隙四周形成了一种具有一定强度、可约束微裂缝产生和发展并能吸收应变能的结构，具有一定的变形能力，因此，降低了水泥石的刚性。当水泥石受到冲击力作用时，能吸收振动能，提高水泥环的抗冲击性能。

二、自修复水泥浆体系

现有水平井水泥浆体系存在水泥石上下侧质量差异过大，水泥环易受地层条件和完井增产方式影响，出现微裂隙窜流通道等问题，常规补救措施风险大，成本高，而且成功率低。为解决油气井固井后的气窜或环空带压问题，近年来开展了自修复水泥的研究。自修复水泥对水泥环微裂缝或微间隙具有自动封堵能力，抑制气窜发生，具有弹性水泥特性，可有效解决固井后气窜难题，耐温可达150℃。自修复水泥可用于需要进行分段压裂作业的页岩油固井。

自修复水泥浆体系主要作用机理是在防气窜水泥浆体系基础上，自修复水泥浆体系内含遇油气膨胀的特种水泥添加剂，气体上移过程中会与该添加剂发生一系列的物理化学变化使水泥浆内的通道因浆体膨胀而减小直至消失从而压稳地层，防止气窜发生。即从水泥浆凝固前和水泥石受损产生裂缝后两方面防止气体的运移或上窜，从而解决浅层气井固井气窜问题（雷鑫宇，2014）。

自修复水泥旨在使水泥浆体系具有自我修复功能而提供长期的层间封隔。其最大优点是：在提高水泥环的长期耐用性的同时，无须中断油气井的正常生产。自修复水泥浆体系的设计思路是通过在水泥浆中加入自修复材料，在特定条件下激活，生成新的物质或提供内部挤压应力使微裂隙闭合。国内外的科研人员对于送种新技术的研究已经取得了一定进展，并提出了多种水泥基材料自修复技术。水泥自修复技术主要有微胶囊技术、响应膨胀封堵技术、热可逆交联反应技术、自修复前置液技术和微生物微裂缝自修复技术。

三、振动固井技术

振动固井是在下套管、注水泥浆、顶替和候凝的过程中，采用机械振动、液压或空气脉冲、水力冲击等手段，产生振动波作用于套管、钻井液和固井液来提高固井质量的一项技术（韩玉安等，2000）。振动技术最早应用于建筑行业的混凝土浇注过程。20 世纪 80 年代初，这项技术被引用于固井作业。

实践证明，利用振动固井技术可以从多方面改善固井质量。由于振动可以改变流体的性质（流态、流变性），从而可以产生以下作用：提高水泥界面的胶结强度，缩短水泥浆的胶凝时间而易于早强；减少或消除水泥浆的静切力；提高顶替效率，从而提高固井质量。振动本身对外特征的作用实质上是一种能量的转换。振动产生波，波可以把振动的能量作用到其邻近的介质中，破坏介质的颗粒间及分子间的结构。同时，振动能调节水泥浆和钻井液的工艺性能。振动波及其产生的能量能使套管柱中产生横向振荡，水力脉冲使水泥浆在环空上返时带有波及能量，对井壁和套管外壁产生高速脉冲冲洗，可以提高水泥界面固井质量，还能提高水泥浆的抗压强度，减少水泥浆的静切力，降低水泥浆的失重量。

通过对国内外振动固井技术和振动装置的特点工艺综合分析，发现振动在从清洗到候凝的整个过程对提高固井质量都是有利的，表现在提高对钻井液的顶替效率和水泥石凝固强度，使水泥环界面胶结质量得以提高。振动固井装置按作用原理可分为水力脉冲式、机械式、磁致伸缩式、压电陶瓷式、声频振动式、环空脉冲式等。水力脉冲式振动装置振动效果好，在国内外已得到广泛应用并取得了多项研究成果，其设计已进入较成熟的阶段。图 4-5 为水力脉冲式涡轮振动工具的结构示意图，其主要工作原理是高压液体冲击涡轮转子旋转，从而带动偏心块转动，产生周期性的横向振动。

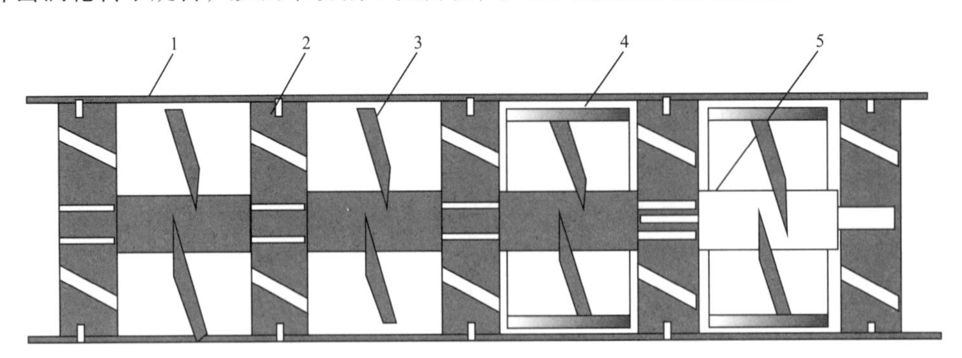

图 4-5　水力脉冲式涡轮振动装置结构示意图（据郑章义，2012）

1—外筒；2—承托盘；3—叶轮；4—偏心块；5—心轴

四、预应力固井技术

预应力固井主要通过增加套管内外压差，使套管在水泥浆候凝过程中处于挤压状态，水泥浆候凝完后释放掉环空压力，使套管挤压水泥石，增加水泥环界面胶结力，有

利于防止环空后期带压和气窜。由于水泥浆凝固后容易体积收缩，在水泥环界面形成微间隙，影响固井质量和诱导环空气窜通道，最终导致井口和环空带压，采用预应力固井技术有利于缓解这一难题。

预应力固井技术的采用是确保后期大型压裂作业成功实施的重要技术手段。由于该技术需要全井清水替浆，以此确保环空与套管内产生较大压差而形成套管受压的预应力，因此固井作业完成后套管底部浮箍浮鞋处会承受较高的反向压力。该压力普遍都在20MPa以上，最高时可达40MPa左右，常规浮箍浮鞋性发生坐封不严的情况，直接导致预应力固井技术无法正常应用，为后期页岩气的顺利开采造成了较大的负面影响，需要应用高性能的弹浮式浮箍、浮鞋。

弹浮式套管浮箍（Kulkarni等，1999）（浮鞋）主要由壳体、阀座、阀球、球篮、弹簧、球托、（引鞋）等组成，如图4-6所示。壳体为管状结构，上下两端设有连接螺纹；阀座固定于壳体内上部，其中心开有通孔通孔下部设内锥面；球篮为桶状结构，其侧壁开有通槽或通孔，其上部与阀座下部相连；阀球为圆球状结构，芯部由高强度、耐高温的材料制成，外表包裹耐高温橡胶，以此提高其承压能力和耐温性能；位于阀座下部内锥面与球托上端面之间；球托为盘状结构，在球篮内位于阀球与弹簧之间；弹簧位于球篮内部，其两端限位于球托下部及球篮底部之间。

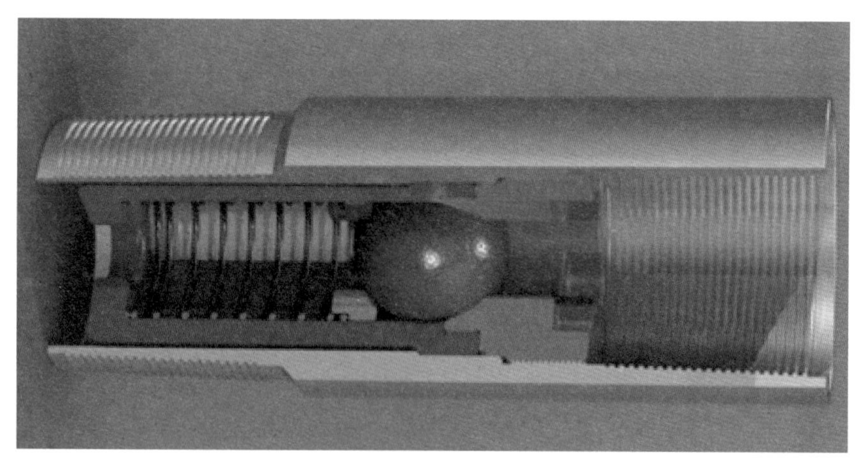

图4-6　弹浮式套管浮箍结构图

套管浮箍接于套管柱下部，下完套管后进行钻井液循环及注水泥作业时，液流推动阀球、球托向下移动，弹簧被压缩，此时壳体内部可建立液流通道。弹簧的最大外径接近并小于球篮侧壁内径，其弹力可设置成较大值，可防止在使用中被过度压缩而损坏；阀球及球托质量较轻，且二者有弹簧支撑，液流冲击可被缓冲，可防止在使用时对球篮底部撞击力度较大导致其损坏；阀球在液流冲击下能够在阀座与球托之间任意转动，坐封密封口可随机遍布整个阀球表面，不易被冲蚀损坏；另外，即使弹簧在特殊情况下意外损坏，阀球仍可在返流推动下与阀座实现坐封，由此确保浮箍功能可靠性大幅提高。

五、分段固井技术

在页岩油钻完井过程中会出现严重的井筒完整性问题，部分区块的套管变形比例甚至达到了 40%，导致分段压裂改造失效，这将严重制约我国页岩油的开发进程（李军等，2017）。在分析页岩井筒完整性失效原因的基础上，针对分段压裂过程中套管承受严重非均匀载荷的难题，李军等（2017）提出了分段固井方法，即针对容易产生井筒完整性失效的井段，在套管外注入一段流体替代水泥浆固井，在其相邻井段则进行正常固井作业。其优势是将分段压裂过程中可能产生的极端非均匀外挤载荷转化为均匀外挤载荷，从而达到防止套管变形、提高井筒完整性的目的。

分段固井技术如图 4-7 所示。其基本设想是在确保直井段固井封住环空、趾端封住井底的基础上，针对容易产生井筒完整性失效的井段，其环空不固井，而是注入一段流体，在其相邻井段则进行正常固井作业。水泥浆凝固后的水泥环形成“硬（水泥石）+软（流体）+硬（水泥石）”的“三明治”结构。其优势是将分段压裂过程中可能产生的极端非均匀外挤载荷转化为均匀外挤载荷，从而达到防止套管变形、提高井筒完整性的目的。

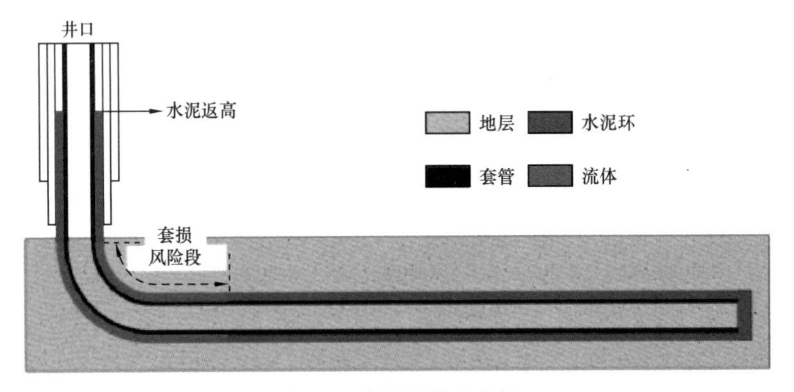

图 4-7　分段固井示意图

分段固井技术可以使得非固井段套管的外挤载荷从非均匀分布转化为均匀分布，从而大幅降低套管损坏的风险，为解决中国页岩油开发中存在的井筒完整性问题提供了一个新的思路。

六、旋转套管固井技术

旋转套管固井技术（郑友志等，2010）是指在固井施工注水泥阶段，在钻井平台上使用顶驱、转盘等动力驱动设备，驱动井下套管发生旋转运动。当水泥浆由井底上返顶替钻井液时，通过旋转套管可以搅动难冲洗的岩屑床，促进套管周围钻井液被水泥浆顶替，从而使钻井液完全被水泥浆顶替。该技术可显著提高水泥环与井壁、套管之间的胶结度，并且有效防止水泥环中的水泥窜槽及微环隙的形成。

旋转套管固井技术在中国尚处于试验阶段，仅有国外几家油服公司能提供技术服

务，其中特斯科（Tesco）公司的旋转套管工艺最具有代表性（马认琦等，2006）。顶驱旋转下套管装置是旋转套管固井技术的关键设备，通过在井口旋转套管，可实现自动化下套管过程，可以在下套管的过程中边旋转套管边注入钻井液，旋转套管可大幅降低水平段下套管的摩阻，使下套管作业更加顺畅。在注水泥阶段，可以利用顶驱旋转装置使套管旋转和上下往复运动，来提高驱替效率。

下面简要介绍旋转套管固井系统地面部分核心工具，即侧接旋转水泥头及地下部分核心工具——套管划眼导鞋。

侧接旋转水泥头连接在顶驱旋转装置的顶端，为固井水泥浆从顶驱的下面进入套管内提供了入口。侧接旋转水泥头内部中心管上部有屏障，阻止水泥向上流入顶驱内部。在进行旋转套管固井时，侧接旋转水泥头侧向连接的固井管线可以保持不动，在固井注水泥阶段，侧接旋转水泥头下部连接的套管可以随顶驱旋转装置上下活动或旋转，从而实现旋转套管固井。

套管划眼导鞋底部设计成贝壳式导流面，有助于通过井眼台阶。在局部存在严重狗腿度、缩径和有断层的井段，套管划眼导鞋可降低下入时的阻力，并可钻铝合金材质。外部螺旋分布硬质合金块可以修整井壁，在水平井眼里面扶正居中划眼导鞋，螺旋硬质合金块旋转的时候可以搅动研磨水平井眼低边的岩屑床，破碎套管下行中遇到的障碍物；导鞋底部的三个水眼提供流体循环通道，起清洗贝壳式导流面的作用（图 4–8）。

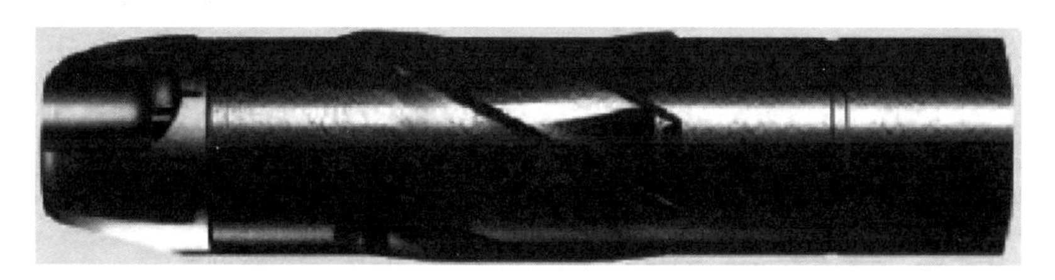

图 4–8　套管划眼导鞋

北美某油田对旋转固井技术进行了现场试验评价，相比普通固井技术，旋转套管固井有效提高了固井注水泥阶段水泥浆的顶替效率，水泥环本体和套管的第一胶结界面及水泥环本体和地层的第二胶结界面胶结质量都得到提高。

技术优势：特斯科公司的旋转套管固井工艺和顶驱旋转下套管技术无缝连接，减少了下套管到位和固井作业之间的非生产时间（NPT），提高了钻井时效。可使用标准的固井设备和水泥浆，无须做任何改变，能够在固井注水泥阶段，实现旋转活动全井段套管，达到提高固井质量、套管和井眼地层之间获得更好的封固性能和隔离效果的目的。

旋转套管固井工艺在定向井和水平井中具有提高固井质量的优势，建议加快技术研发，尽快掌握旋转套管固井技术，提高页岩油固井质量。因为常规 API 长圆螺纹套管的抗扭能力较低，旋转扭矩过大时可能会造成对螺纹的伤害，过小则可能无法转动套管，也需研发高旋转扭矩的气密封螺纹套管。

第四节　致密油固井技术

页岩油属于致密油范畴，页岩油的钻完井及开发实践方兴未艾，可参考致密油的工程实践来更好地完成页岩油固井作业。

致密油藏的开发改变了美国连续24年石油产量下降的趋势，从此美国石油产量进入了快速增产的阶段，同时也引发了全球开采致密油气的热潮。经过多年的油气勘探开发，从2015年中国石油在陕西发现中国第一个亿吨级的致密油田后，致密油藏的勘探和开发也成为中国油气资源开采的新热点。

致密油和页岩油都属于非常规油气资源，随着中国油气需求量的增加，非常规油气资源已成为重点开采对象。与页岩油藏类似，致密油藏也具有低孔隙度、低渗透率特点，甚至要比页岩油藏的孔隙度和渗透率还要低，所以致密油藏开采的关键技术也是水平井分段压裂技术。水平井段固井水泥环的完整程度和良好的密封能力对于水平井分段压裂技术的实施至关重要。水平井固井质量的好坏直接决定着水平压裂技术实施的效果，进而直接影响井的生产能力和经济效益。

高温、高压是致密油藏区别于其他油藏的显著特点（魏海峰等，2013）。多数致密油藏油藏压力高，例如俄罗斯Urengoyskoe气田在井深3800m处的初始油藏压力达到590～610kPa；致密油藏孔隙度和渗透率都比较低，油藏条件下易形成异常高压地层，这在实际的钻井过程中容易导致井口当量钻井液密度窗口窄，油侵、气侵和漏失的问题也有可能同时发生。这些情况对固井水泥浆体系设计及整个固井施工过程都是严峻的技术挑战。多数致密油藏的油藏温度高，例如阿曼北部61区块的致密油藏，油藏温度达到142℃。

高温、高压的油藏条件对水泥浆浆体的稳定性和水泥环的抗热衰退能力有很高的技术要求。因此在致密油藏水泥浆设计时，必须考虑致密油藏的高温、高压等条件，这些油藏条件不仅直接影响常规固井施工的成败，还影响着分层压裂工艺能否实现及油井的服务寿命等。

前面介绍的水平井固井下套管技术可以很好地应用于页岩油水平井固井作业中，来提高页岩油水平井固井质量，同时针对致密油藏的自身特性，简述致密油固井技术未来的重点发展方向。

（1）水泥浆密度设计。

致密油藏水平井段多采用单一密度水泥浆体系，水泥浆密度变化对井底静压力变化的影响很小。致密油藏水平井段固井水泥浆密度设计时重点考虑的因素是水泥浆的浆体稳定性和流变参数。浆体稳定性和流变参数是由水泥浆顶替效率模拟设计所确定的。在水平井段，由于密度差带来的驱替效应很微弱，这时水泥浆顶替的核心驱动力是钻井液、隔离液和水泥浆的流体差异。钻井液、隔离液和水泥浆的塑性黏度、屈服值等流变参数应保持足够的差异，这种差异应该呈直线递增关系，进而确保良好的顶替效率。致密油藏水平井水泥浆密度设计中密度参数的选定由流体参数的优化所决定，密度参数要

服务和服从流体参数的优化，这与常规水泥浆体系中密度参数的选定不同。

（2）抗高温能力设计。

井底温度超过110℃时，水泥浆设计时一般加入30%～40%的硅粉维持水泥石的钙硅比，进而减弱高温条件下水泥石强度的热衰退现象。硅粉的加入在有效地改善水泥石高温稳定性的同时，也增加了水泥浆在高温、高压条件下浆体不稳定的风险。高温、高压条件下，水泥浆浆体的悬浮能力减弱，浆体变稀，屈服值和塑性黏度等参数会变小。高温、高压条件下如果水泥浆浆体不能保持一定的悬浮能力，浆体就会分层，在水平井段上液柱端面会出现自由水，水泥浆水化、硬化后在水平段上断面会出现流体侵、窜通道，进而降低水泥环的层间封隔能力，甚至无法确保分段压裂工艺的实施。致密油藏水泥浆设计时，悬浮剂、降失水剂、分散剂等外加剂的选取应充分考虑其高温条件下的工作性能，进而维持浆体在高温条件下的稳定性，确保浆体在高温条件下有足够的悬浮能力，能够确保硅粉颗粒均匀地分散在浆体体系中，维持浆体的稳定性，进而确保水泥石的抗热衰退能力。

（3）膨胀性和自愈性设计。

水泥浆水化、凝固后，体积会收缩，轻微的体系收缩不会影响水泥环的层间封隔能力，但是过大的体积收缩会形成微间隙等气窜通道。致密油藏水平井固井中要尽可能控制和减少水泥浆水化过程结束后的体积收缩。致密油藏水泥浆体系设计过程中应增加水泥浆的膨胀性能设计，添加适当的膨胀材料，或者采用适当的注水泥工艺，提高水泥浆的膨胀能力。良好的水泥浆膨胀性能能够弥补和修复环空水泥环中局部顶替效率的缺陷。致密油藏水平井水平井段的水泥环在高温、高压条件下，在分层压裂、酸化及后期开发过程中要先后经历多轮复杂、苛刻的应力和应变变化，任何性能良好的水泥环在这个复杂的过程中都会遭受不同程度的损伤，为了延长油井的服务寿命，致密油藏固井水泥浆体系设计时还应加入自愈性设计。

自愈性设计本质上讲是膨胀性设计，在水泥浆浆体中加入特定化学物质，当这些物质与地层特定流体接触时发生体积膨胀进而修复裂缝等，维持水泥石良好的密封能力，进而延长油井的服务寿命。

（4）高效抗污隔离液设计。

钻井液与水泥浆的接触污染是影响水平井固井质量的重要因素之一。在致密油水平井固井中，由于面临复杂地质情况和高温、高压等难点，所用钻井液的成分较复杂且有高温、高密度的情况。水泥浆驱替过程中受井眼状况、环空顶替流态等影响，水泥浆容易与钻井液掺混而使水泥浆污染。所以，发展高效抗污隔离液技术是提高致密油固井质量的重要保障。

隔离液除了要具有良好的抗水泥污染能力之外，还需要具有以下关键性能：良好的流变性能调控能力、密度调节范围较宽、悬浮稳定能力高、抗温抗盐和控制滤失能力强（杨香艳等，2006）。所以隔离液的设计应满足以下要求：处理剂的抗钙能力强，保证处理剂在钻井液、水泥浆体系中不失效，且有解除污染的能力；处理剂材料的使用条件和加量范围要宽，使隔离液有宽泛的密度调节范围和良好的流变性能调节控制能力；配置工艺简单，易于现场使用。抗污染剂、流型调节剂、增黏剂、降失水剂、表面活性剂等添加剂可很好地改善隔离液的抗污染能力。

参考文献

陈建兵，安文忠，马健 . 2001. 套管漂浮技术在海洋钻井中的应用［J］. 石油钻采工艺，23（5）：19–22.

冯福平，艾池，彭万勇，等 . 2011. 套管偏心对水平井顶替效果的影响［J］. 石油钻采工艺，33（3）：12–16.

韩玉安，孙艳龙，王洪潮，王轶军 . 2000. 国内外振动固井技术的发展现状［J］. 石油钻采工艺,23（4）：27–30.

华桂友，舒福昌，向兴金，等 . 2010. 适用于钻水平井的可逆转油包水钻井液研究［J］. 国外油田工程，（8）：53–55.

解洪祥，左凤江，王绪美，等 .2015. 油基钻井液降滤失剂及其制备方法［P］. 中国：CN 104327808 A.

雷鑫宇 . 2014. 水平井环空自修复水泥浆体系研究［D］. 成都：西南石油大学 .

李军，席岩，付永强，等 . 2017. 利用分段固井方法提高页岩气井筒完整性［J］. 石油钻采工艺,40（4）：21–24.

李社坤，周战云，任文亮，等 . 2017. 大位移水平井旋转自导式套管浮鞋的研制及应用［J］. 石油钻采工艺，39（3）：323–327.

李早元，郭小阳，杨远光 . 2004. 固井前钻井液性能调整及前置液紊流低返速顶替固井技术［J］. 钻井液与完井液，21（4）：31–33.

刘崇建 . 2001. 油气井注水泥理论与应用［M］. 北京：石油工业出版社 .

刘武 . 2011. 水平井套管漂浮技术的研究与应用［J］. 中国科技纵横，（21）：406–407.

卢占国，李强，李建兵，等 . 2013. 页岩钻井储层伤害研究进展［J］. 石油与天然气化工，42（1）：49–52.

卢占国，李强，李建兵，等 . 2013. 页岩钻井储层伤害研究进展［J］. 石油与天然气化工，42（1）：49–52.

马认琦，郭巧合，赵建刚 . 2006. TESCO 套管钻井技术［J］. 石油矿场机械，35（2）：81–83.

任文亮，刘高军，李社坤，等 . 2012. 偏心式滚轮套管刚性扶正器的研制及应用［J］. 石油钻采工艺，34（4）：122–124.

陶谦，丁士东，刘伟，等 . 2011. 页岩气井固井水泥浆体系研究［J］. 石油机械，39（1）：17–19.

汪成芳，陈晓茹，毛琳，等 . 2014. 页岩气水平井固井质量测井评价方法及应用［J］. 天然气勘探与开发，37（03）：33–36+4–5.

魏海峰，凡哲元，袁向春 . 2013. 致密油藏开发技术研究进展［J］. 油气地质与采收率，20（2）：62–66.

徐明，杨智光，肖海东 . 油基泥浆冲洗液及其制备方法［P］. 中国：CN 1405265，2003–03–26.

杨香艳，郭小阳，李云杰，等 . 2006. 高密度抗污染隔离液在川中磨溪气田的应用［J］. 天然气工业，26（11）: 83–86.

岳前升，向兴金，舒福昌，等 . 2005. 水平井裸眼完井条件下的油基钻井液滤饼解除技术［J］. 钻井液与完井液，22（3）: 32–33.

张宏军，张明昌，任腾云，等 . 2001. 新式分级箍在草古 100 区块水平井固井中的应用［J］. 石油钻探技术，29（1）: 35–36.

张言杰，宋本岭，崔军，等 . 2003. 水泥浆充填管外封隔器技术及其应用［J］. 石油钻探技术，31（2）: 27–28.

郑友志，刘伟，余才焌，等 . 2010. 旋转套管固井工艺技术在 LG–A 井的应用［J］. 天然气工业,30(4): 74–76.

郑章义 . 2012. 振动固井装置的设计及振动传播规律的研究［D］. 武汉：长江大学 .

周战云，李社坤，秦克明，等 . 2016. 高性能弹浮式套管浮箍的研制及在页岩气井的应用［J］. 石油钻探技术，44（4）: 77–81.

Addagalla A K V，Kosandar B A，Lawal I，et al. 2015. Using mesophase technology to remove and destroy the oil–based mud filter cake in wellbore remediation applications–case histories，saudi arabia［C］//SPE Middle East Oil & Gas Show and Conference. Society of Petroleum Engineers.

Brege J，Sherbeny W E，Quintero L，et al. 2012. Using Microemulsion Technology to Remove Oil–based Mud in Wellbore Displacement and Remediation Applications［C］//SPE Western Regional Meeting. Society of Petroleum Engineers.

Carrasquilla J，Guillot D J，Ali S A，et al. 2012. Microemulsion Technology for Synthetic–Based Mud Removal in Well Cementing Operations［M］.

GP Colavecchio，R Adamiak. 1987. Foamed cement achieves predictable annular fill in appalachian devonian shale wells［R］. SPE 17040–MS.

Kulkarni S V，Hina D S. 1999. A novel lightweight cement slurry and placement technique for covering weak shale in appalachian basin［J］. SPE 57449.

Messenger J U. Well cementing method employing an oil base preflush : U.S. Patent 3，688，845［P］. 1972–9–5.

Moradi S S，Nikolaev N I. 2014. Optimization of cement spacer system for zonal isolation in high–pressure high–temperature wells［C］//SPE Russian Oil and Gas Exploration & Production Technical Conference and Exhibition. Society of Petroleum Engineers.

Nilsson F，Komocki S. Surfactant compositions for well cleaning : U.S. Patent 6，686，323［P］. 2004–2–3.

Pavlock C，Tennison B，Thompson J，et al. 2012. Latex–based cement design : meeting the challenges of the haynesville shale［J］. SPE 152730.

Pernites R，Khammar M，Santra A. 2015. Robust spacer system for water and oil based mud［C］//SPE Western Regional Meeting. Society of Petroleum Engineers.

Quintero L, Pictrangeli G, Salager J L, et al. 2013. Optimization of microemulsion formulations with linker molecules [C] //SPE European Formation Damage Conference & Exhibition. Society of Petroleum Engineers.

Salehi R, Paiaman A M. 2009. A novel cement slurry design applicable to horizontal well conditions [J] . Petroleum & Coal, 51 (4): 270–276.

Smart C W, Thomas E. 1995. First high–temperature applications of anti–gas migration slag cement and settable oil–mud removal spacers in deep south Texas gas wells [J] . Proceedings of the International Astronomical Union, 5 (6): 1–16.

Williams R, Khatri D, Vaughan M, et al. 2011. Particle size distribution–engineered cementing approach reduces need for polymeric extenders in haynesville shale horizontal reach wells [J] . SPE 147330.

第五章

完井与储层改造技术

页岩油藏资源丰度较低，其孔隙度、渗透率较常规油气藏而言较低，一般来说日产量较低，投产递减较快。在目前的开发过程中需要借助水平井技术与大型水力压裂技术进行开采，且其单井的生产周期一般较长。页岩油藏赋存方式与成藏机理上的差异使得其开采过程较为困难，对压裂作业提出了更高的要求。现简述页岩油藏的开采难点的根源。

首先，页岩油藏的孔隙度较低、渗透率极低。根据文献统计，美国大部分页岩油气藏的孔隙度为4.2%～6.5%，其渗透率在40.9mD左右，页岩油气藏的油气流阻力远大于常规油气藏的阻力，因而导致许多页岩油气藏低产甚至没有自然产能，因此，页岩油气藏在进行开发时大都必须进行酸化、压裂等储层改造措施（Cipolla等，2008；王金磊等，2012）以达到经济开采的目的。这也对页岩油气藏的完井作业提出了较高的要求：一方面页岩油气藏的完井作业需要满足常规完井作业需求；另一方面完井过程需要与后续增产作业匹配，为后续增产作业提供支撑，从而保证页岩油气藏的稳定高效开采。

其次，页岩油藏的生产率与采收率波动较大，产量相对较低。由于吸附气量、有机质含量、地层压力及埋藏深度的影响，页岩油气藏的采收率一般随生产浮动范围较广（5%～60%），相对于常规油气资源采收率（大于60%）而言较低。

最后，页岩油气藏的井寿命与生产周期较长（Wang等，2009）。页岩油气大多以游离态和吸附态赋存在泥页岩中及其夹层中，页岩油渗流速度较慢、产能较低，因此需要借助增产手段进行开发，不同地层、工况需要选择不同的增产作业方式，而增产作业方式的选择也影响着完井作业。在页岩油气藏的开发过程中，更多的是将完井与压裂等增产措施联合作业，一方面提高作业的经济性与效率性，另一方面也提高作业的匹配性，以此提高页岩油藏的开发质量（王金磊等，2012）。

相对于致密气层而言，页岩储层的渗透率更低，页岩油难以进入井筒，因此页岩储层改造的理念较常规储层具有一定差异，需要借助水力压裂的方式，改造储层体积，产生人工裂缝，并需对储层从长、宽、高三维方向进行改造（Cipolla等，2008），以扩大储层与裂缝壁面的接触面积，缩短油气在任意方向的基质向裂缝的渗透距离，进而提高储层的整体渗透率，最终实现页岩油的有效开发。

第一节　页岩油完井技术

完井作业是油气田开发中十分重要的一个环节，在过去的油田开发中，完井作为油气钻井的最后一环，用来连通井底与油层，同时也作为采油工程的开端，为后续的采油、注水等作业奠定了基础。随着油气储层复杂程度的不断提高，油气藏开发方案及井下作业与完井作业紧密联系起来。根据工况的不同，完井的方式有多种，每类完井方式都有其适应的范围和工况，在实际作业中，需要根据油气藏的类型和油气层的实际情况选取合适的完井方式，以此来保证油气田的有效开发，保证油气井的使用寿命，提高油气井的经济效益。由于页岩油藏比常规油藏的开发情况更为复杂，对完井作业的要求更高，应当根据油田开发方案确定合理的完井方式，力求将各油层段的潜力发挥到最大，完井过程使用的管柱等工具应当满足后期压裂等开发技术的需求，同时也要为必要的井下作业措施创造有利条件。

一般来说，完井作业过程中应当遵循的原则主要包括：（1）完井作业应当使油气层与井筒间保持较好的连通条件，使油气层伤害减少；（2）完井作业应当使油（气、水）层有效封隔，避免各层间相互干扰事故的发生，避免水窜与气窜的发生；（3）完井作业应当能够使油层出砂现象得到有效控制，有效控制井壁稳定，保证油井的长期稳定生产；（4）完井作业应当达到使渗流面积最大的目的，使油气等资源以较小的阻力进入井筒中；（5）完井作业完成后应当具备油气田开发后期开展侧钻作业的条件；（6）完井作业应当为分层注水、注气、酸化、压裂等井下措施提供支撑，以便后续增产作业的开展；（7）完井作业的实施应当简单、易行，经济性较好（万仁溥，2000）。

相对于常规油气资源来说，页岩油气储层物性较差，渗透率极低，只有极少的页岩油井具有自然生产能力，一般页岩油井需要借助压裂增产的措施进行开采，因此页岩油井在选择完井方式时需要与压裂增产措施进行统筹考虑。

一、直井完井方式

1. 射孔完井

射孔完井方式是目前国内外使用最为广泛的一种完井方式，主要分为套管射孔完井和尾管射孔完井（李克向，1993）。

套管射孔完井方式即当钻进至预定井深时，将油层套管下至油层底部后利用水泥进行固井，完成后在套管内部进行射孔，射孔贯穿套管、水泥环后进入油层一定深度，通过形成的射孔建立油层进入套管的流动通道。套管射孔完井可以针对不同压力、环境的地层进行分别射孔，能够避免不同物性层间的相互干扰，可以有效避免夹层水、底水与气顶，套管射孔完井还可以防止夹层坍塌，同时可以为后期酸化及压裂作业提供支撑（图 5–1）。

尾管射孔完井即当钻进至油层顶界时，将技术套管下入至井下并进行水泥固井，再利用小钻头钻穿油层至预定井深（Du 等，2017），利用钻具将尾管送至井底悬挂于技术

套管上。一般而言，尾管与技术套管的重合段大于 50m 时对尾管进行水泥固井后在尾管内进行射孔。尾管射孔完井在钻开油层前，上部底层已经完成了固井，此时利用与油层配伍的钻井液以低平衡压力的方式将油层钻通，对于油层的保护非常重要。尾管射孔完井的方式由于套管重量与水泥用量减少，因此其成本相对较低（图 5–2）。

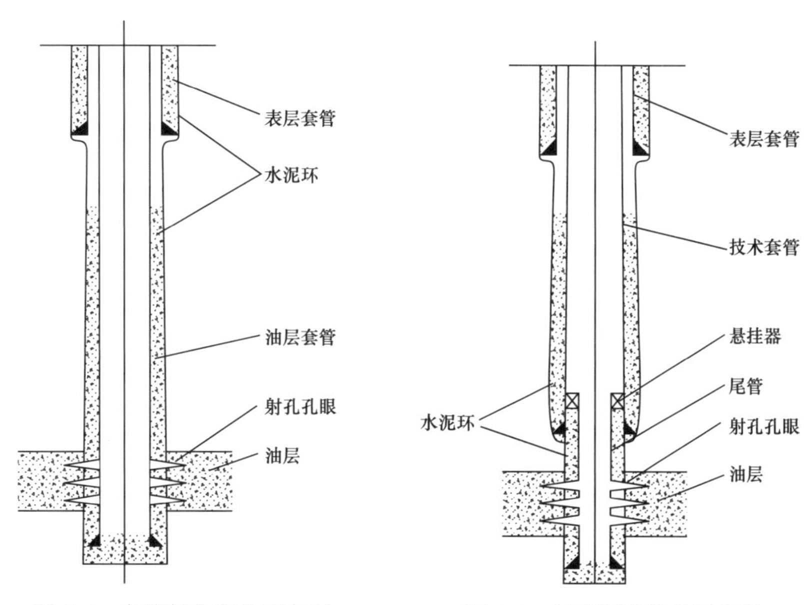

图 5–1　套管射孔完井示意图　　图 5–2　尾管射孔完井示意图

2. 裸眼完井

裸眼完井的方式主要包括两类，区别主要在于是否更换钻头。裸眼完井的其中一种方式为更换钻头的完井方式，即钻进至油层顶界附近时，下入技术套管并进行水泥固井。当固井完成水泥浆返回至设计高度时，再重新下入尺寸较小的钻头由技术套管中钻穿水泥塞进入油层至预定井深。一般来说，较厚的油层适合裸眼完井，当存在复杂地层时，如存在气顶或顶界附近存在水层时，技术套管可以直接下入至油气界面以下，封隔复杂地层后进行裸眼完井。

裸眼完井的另外一种方式为不更换钻头式完井方法，由一个钻头直接钻至油层预定井深，将技术套管下入至油层顶界处并进行水泥固井作业。在此过程中进行固井作业时，一般在油层段采取垫砂或换用高黏度、低失水量的钻井液，以防止钻井液下沉。另外一种完井工序为将封隔器和水泥接头安装在套管下部，用来支撑环空水泥浆防止其下沉，一般来说这种完井工序并不常用。

裸眼完井其特性在于使油层完全裸露，这种完井方式的好处在于可以使油层具有较大的渗流面积，因此产能较高。然而，裸眼完井方式具有很大的局限性，后期需要改造的储层如砂岩油、渗透率较低的储层等则无法采用裸眼完井方式。

针对页岩油藏而言，其孔隙度较低、渗透率特低，后期需要借助压裂等增产措施使得其无法应用裸眼完井方式。除此之外，泥页岩层遇水容易坍塌的特性也决定了裸眼完井在页岩油藏上的不适用性。

3. 割缝衬管完井

割缝衬管完井与裸眼完井类似也是根据是否更换钻头分为两种类型。一种是利用固定尺寸的钻头钻穿油层后，在套管的末端连接衬管并下入至油层部位，再利用套管外的封隔器与注水泥接头固井封隔油层顶界以上的环形空间。这种不更换钻头的割缝衬管完井方式的缺点在于衬管损坏后难以修理及更换，因此割缝衬管完井一般采用另一种更换钻头的完井工序，即当钻头钻至油层顶界后，将技术套管下入至井下后进行水泥固井，完成后更换小一级的钻头由技术套管中下入并钻穿油层至预定井深。钻穿预定井深后将已经割缝的衬管下入至油层地段，利用衬管悬挂器（位于衬管顶部）将衬管安置在技术套管上，将套管与衬管间的环形区域进行密封，这样油层中的油气可通过衬管的割缝流入井筒。如图 5-3 如示，是割缝衬管的完井示意图。这种完井工序油层不会遭受固井水泥浆的伤害，可以采用与油层相配伍的钻井液或其他保护油层的钻井技术钻开油层，当割缝衬管发生磨损或失效时也可以起出修理或更换。

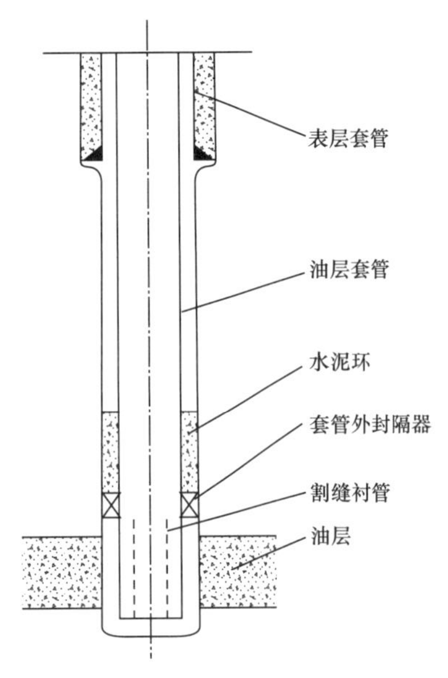

图 5-3　割缝衬管完井示意图

割缝衬管完井方式有一定的防砂作用，割缝缝眼的形状和尺寸应根据骨架砂粒度来确定，根据割缝尺寸的大小，比割缝尺寸小的砂粒会进入衬管中被原油携带至地面，而尺寸较大的砂粒则被阻挡在衬管外面，大砂粒在衬管外形成砂桥，可完成防砂的目的。形成砂桥后，在砂桥处流体流速较高，小砂粒可以顺利通过砂桥，从而保持良好的流通能力，也具有一定的稳定井壁骨架砂的作用。

4. 砾石充填完井

砾石充填完井方式一般针对胶结疏松砂严重的地层，这种完井方式首先在井内油层部位下入绕丝筛管，然后通过砾石泵利用充填液将地面上筛选好的砾石护送至井眼与绕丝筛管或套管与绕丝筛管中的环形空间形成砾石充填层，依靠砾石充填层阻挡油层中的砂流入井筒中以实现防砂、井壁稳定的作用。砾石充填完井所采用的绕丝筛管一般采用不锈钢材料而非普通割缝衬管，原因主要有三个：

（1）流体流过绕丝筛管与割缝衬管时流场不同，由于绕丝筛管为通过绕丝形成的连续缝隙，流体在流经绕丝筛管时压力降低，对开采具有一定的优势。再者，绕丝筛管的断面形状为梯形，外窄内宽，有一定的自洁效

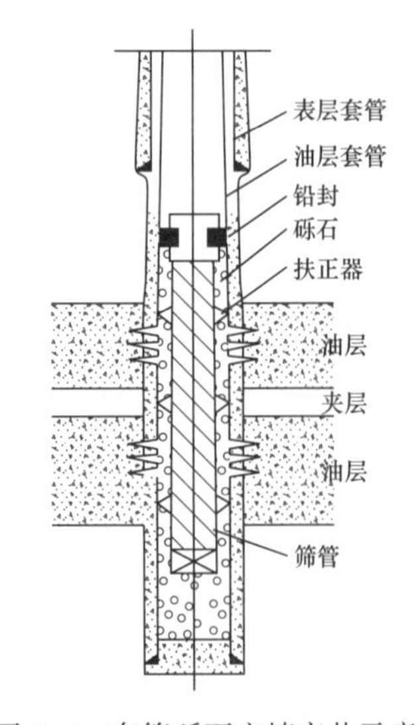

图 5-4　套管砾石充填完井示意图

果，其流通面积远大于割缝衬管；

（2）割缝衬管由于加工工艺限制，其缝口宽度一般大于 0.5mm，由于最小宽度限制，割缝衬管只能阻挡中—粗砂粒油层，不能筛选更细的砂粒，因此选用绕丝筛管，其缝隙宽度最小为 0.12mm，相对于割缝衬管而言选择范围更广；

（3）由于绕丝筛管采用不锈钢为制作材料，其寿命长，耐腐蚀能力较强，维修成本与经济效益较高。

在实际完井作业中，根据井况与地层情况的不同，采用裸眼完井或射孔完井与充填砾石相结合，即裸眼砾石充填完井与套管砾石充填完井，可以满足不同工况下完井的需求。

二、水平井完井方式

由于页岩油藏低孔隙度、低渗透率的特点决定了其在开发过程中大多要依靠水平井方式进行开发，因此考虑水平井完井方式是页岩油藏在进行完井时需要重点考虑的方面。常见的水平井完井方式有裸眼完井、割缝衬管完井、射孔完井、管外封隔器完井和砾石充填完井五类，大部分水平井完井方式与对应的直井完井方式相类似，只是对应的工况发生了变化。

1. 裸眼完井

裸眼完井是最简单的水平井完井方式，将技术套管下入至预定的水平段顶部后封隔，并更换小级别钻头进行水平段钻井直至设计长度。裸眼完井工艺简单，其主要适用范围为碳酸盐岩等较为坚硬的不易坍塌的地层，尤其针对垂直裂缝地层。而对于页岩油储层而言，由于其井壁稳定性较差，在后期作业中大多需要进行分级增产处理，因此水平井裸眼完井方式一般不适用于页岩油藏的完井作业。

2. 割缝衬管完井

割缝衬管完井工序是将割缝衬管悬挂在技术套管上，依靠悬挂封隔器封隔管外的环形空间。割缝衬管要加扶正器，以保证衬管在水平井眼中居中。水平井发展到分支井及多底井，其完井方式也多采用割缝衬管完井。割缝衬管完井主要用于不宜用套管射孔完井，又要防止裸眼完井时地层坍塌的井。因此完井方式简单，既可防止井塌，又可将水平井段分成若干段进行小型措施，当前常规水平井多采用此种方式。

3. 射孔完井

技术套管下过直井段注水泥固井后，在水平井段内下入完井尾管、注水泥固井。完井尾管和技术套管宜重合 100m 左右，最后在水平井段射孔。这种完井方式将层段分隔开，可以进行分层增产及注水作业，可在稀油层和稠油层中使用，是一种较为有效的完井方式。

4. 管外封隔器完井

管外封隔器完井是依靠管外封隔器实施层段的分隔，可以按层段进行作业和生产控制，较适用于注水开发的油田。对于页岩油藏来说，常常需要水平井分层段进行作业，因此采用管外封隔器完井方式作业较为高效。

5. 砾石充填完井

国内外的实践表明，在水平井段内，不论是进行裸眼井下砾石充填或是套管内井下砾石充填，其工艺都很复杂，尚处在矿场试验阶段。裸眼井下砾石充填时，在砾石完全充填到位之前，井眼有可能已经坍塌。裸眼井下砾石充填时，扶正器有可能被埋置在疏松地层中，因而很难保证长筛管居中。裸眼水平井预充填砾石绕丝筛管完井，其筛管结构及性能同垂直井一样，但使用时应加扶正器，以便使筛管在水平段居中。

三、页岩油藏完井方式选择

页岩油气藏属于低孔隙度、低渗透率油藏，多采用水平井或斜井开采，钻井完成后，只有少数天然裂缝特别发育的井可直接投入生产，90% 以上的井需要经过酸化、压裂等储层改造措施后才能获得理想的产量。页岩油藏独特的储层特性不仅对钻井实现优快钻井提出了挑战，其所需采取的压裂酸化等增产措施也对固完井技术提出了巨大的挑战。

由于页岩储层中，井壁稳定性较差，单纯裸眼完井方式并不适用于页岩油藏，且页岩油储层多需进行酸化、压裂等改造措施，因此在进行页岩油藏开采时，结合后期压裂、酸化需求，选取合适完井方式进行组合，以求达到最佳的完井效果。页岩油藏常用的完井方式包括套管固井后射孔完井、尾管固井后射孔完井、裸眼射孔完井、桥塞与射孔联作完井、滑套封隔器完井等（表 5–1）。

1. 套管固井后射孔完井方式

在井筒中下入套管进行固井后，在套管中下入射孔工具，利用射孔喷嘴喷射的高速流体将套管与地层击穿，完成射孔作业，连接油层与井筒。将射孔工具管柱向上拖动可进行多层射孔作业，多层射孔作业可不用下入封隔器或桥塞，既缩短了完井时间，又可为后期的多级压裂提供支撑，但是套管固井后射孔完井的方式可能存在水泥浆伤害储层的隐患。套管固井后射孔完井是页岩油气藏开发的主要完井方式。

2. 尾管固井后射孔完井

与套管固井后射孔完井方式类似，其在后期多级射孔分段压裂具有一定优势，工艺较为复杂，固井难度大，成本较为适中，也存在水泥浆伤害储层的隐患。尾管固井后射孔完井及裸眼射孔完井在页岩钻完井中不常用。

3. 组合式桥塞完井方式

该方式是页岩油藏水平井开发时最常采用的完井方式。在该方式中，下入套管后，利用组合式桥塞工具将套管内部分隔成多个井段，并在各个井段内依次进行射孔、压裂作业。其流程主要分为下套管、水泥固井、射孔、坐封桥塞、钻桥塞共五个主要步骤，虽然这种完井方式流程较为繁琐，操作复杂、费时费力（崔思华等，2011），但其对页岩油藏的适用性较好，且后期增产效果较好，因此是页岩油气藏的主要完井方式。

4. 机械式组合完井方式

近年来发展的一种新型完井技术，其利用膨胀封隔器和滑套系统组成一趟管柱进行固井和分段压裂。首先将完井管串下入至水平段，然后坐封悬挂器，将酸溶性水泥浆注入进行固井后注入压裂液，在井口投球控制滑套系统，在水平段最末端第一级压裂、依次第二级、第三级等逐级压裂，完成后进行防喷洗井后投产。该工艺主要适用于长水平段页岩井的逐级压裂，其中哈里伯顿公司的 DeltaStim 完井技术为市场主导（赵杰等，2012）。

表 5–1　页岩油藏完井方式适用地层范围

完井方式	优点	缺点
桥塞与射孔联作完井	可大排量分簇压裂，分段压裂级数不受限制，裂缝分布位置精确	多次电缆起下作业，作业周期长，需过顶替需钻塞
滑套封隔器完井	一趟管柱，压裂时间短，井壁自然裂缝不受破坏	不能精确控制裂缝位置，砂堵时难处理，后期作业成高
套管固井后射孔完井	可用于裸眼完井，作业周期短	可能伤害储层
尾管固井后射孔完井	利于多级射孔分段压裂，成本适中	工艺相对复杂，固井难度较大，可能造成水泥浆对储层的伤害
裸眼射孔完井	有效避免储层伤害，工艺相对简单，成本相对较低	后期多级射孔分段压裂难度较大，后期完井措施难度加大

第二节　页岩油储层改造技术

一、国外页岩油压裂技术发展

页岩油气大规模开发最早始于北美地区，美国页岩油气开发中以得克萨斯州的巴内特（Barnett）页岩开发技术最为成熟、商业化程度最高，该储层的改造发展历程主要分为（Jaripatke 等，2010；Chong 等，2010；King 等，2010）小规模压裂、大规模交联冻胶压裂、滑溜水压裂等阶段。

1981 年，巴内特页岩开发过程首次应用水力压裂（氮气泡沫），相对小规模的交联冻胶压裂；20 世纪 90 年代开始，大规模的交联冻胶压裂开始应用，1992 年，页岩油气开发中首次实施了水平井压裂；1997 年，滑溜水压裂首次在储层开发中应用，压裂过程用液量大于 6000m^3，支撑剂用量大于 100m^3，使得压裂成本降低 1/4；1998 年开始，大规模应用滑溜水压裂及重复压裂，现场应用发现，滑溜水压裂比大型冻胶压裂效果好，产量可增加约 1/4；2002 年，尝试水平井压裂，水平井产量超过直井 3 倍；2004 年，水平井分段压裂 + 滑溜水压裂 / 混合压裂快速普及，效果显著；2005 年后，开始试验水平井同步压裂技术，同时压裂两口或多口井。试验水平井分段压裂 + 同步压裂 / 拉链式压裂，进而发展为水平井分段压裂工厂化作业。结合该地区钻井井型的变化情况，以巴内特为代表的美国页岩储层改造主体技术为水平井分段＋大规模滑溜水压裂。巴内特的成功迅速被借鉴至海恩思维尔（Haynesville），费耶特维尔（Fayetteville）、马塞勒斯（Marcellus）、鹰滩（Eagle Ford）等页岩油气藏的开发中。由于不同区域页岩储层性质差别大，储层改造的适应性存在较大差异，各公司根据储层特征（特别是脆度）形成的针对性储层改造技术不尽相同，但有一点趋势相同，即“长水平井段＋分段多簇压裂改造”及“工厂化”作业模式。

二、页岩油储层改造技术现状

1. 大规模滑溜水压裂技术

大规模滑溜水压裂最先应用于致密气层中，该方法导流能力有限，因此后期被混合压裂取代。但针对于页岩储层，尤其具有良好脆度的地层（Cipolla 等，2009；Soliman 等，2010），该方法具有较好的适应性，其特点主要有：

（1）主要针对致密、裂缝性及脆性地层；

（2）更易形成网状缝。增大了剪切缝形成的概率，有效提高裂缝体积及压后效果；

（3）地层伤害小。该技术施工过程只需少量稠化剂作为添加剂以减小摩阻，支撑剂用量较少，有效起到保护地层的作用；

（4）成本低。与常规冻胶压裂相比，大规模滑溜水压裂在同等规模作业中成本可降低 50%。

滑溜水压裂在国外巴内特等页岩中应用表明，该技术具有大液量、大排量、小粒径、大砂量、低砂液的特点，其较为典型的技术参数如下：排量在 $10m^3/min$ 以上，每段使用压裂液量为 1000～$1500m^3$，每段使用支撑剂量为 100～200t，砂比范围基本在 3%～5%，支撑剂成分主要为 100 目粉陶与 40/70 目支撑剂。压裂后求产效果与微地震监测表明，与常规冻胶压裂相比，滑溜水压裂技术用于页岩储层而言具有更好的适应性，其产量与增加改造的储层体积（SRV）成正比。

2. 分簇射孔技术

单段射孔是常规水平井分段压裂常用的方式，其优点在于可以避免缝间干扰；利用分簇射孔技术开发页岩储层，多簇一起压裂模式，利用缝间干扰，产生复杂缝网，进而提高人工裂缝的连通性，达到提高产能的目的（Roussel 等，2011）。一般而言单个压裂段长度为 100～150m。簇间距 20～30m，每簇跨度距离为 0.45～0.77m，射孔密度为 16～20 孔 /m，相位角 60°/180°。分簇射孔技术普遍应用于国外的页岩储层改造中，其核心流程为一次装弹、分簇引爆，具有较好的改造效果。

3. 水平井分段压裂工艺技术

速钻式复合桥塞封隔工艺和多级滑套封隔器工艺是北美页岩开发过程中水平井分段压裂常用的技术。随着水平井段的不断增长，裸眼封隔器分段段数受到制约，此外小通径限制了排量，不利于体积缝的形成；长水平段给桥塞分段压裂液也带来了一定限制，液体泵送桥塞到长水平段的远端难度增，导致作业时间延长，增加了断电缆的隐患。基于此，“裸眼封隔器＋桥塞”的组合式压裂技术形成，其综合了技术与时间、效益，在北美地区的长水平段的水平井改造中应用广泛。如2010年贝克休斯公司的这种组合压裂达到30段，裸眼封隔器分压22段，桥塞分压8段。

4. 水平井同步/（拉链交叉）压裂技术

此技术是针对相邻水平井储层改造而发展的，利用多套压裂设备对相邻水平井段同时开展压裂作业，以此利用压裂影响地应力场，达到形成更为复杂裂缝结构的目的。利用单套车组对两口水平井配合射孔等作业交叉施工、逐段作业（交叉压裂）（Warpinski等，2009；Waters等，2009）。实际应用中该技术的优势主要有：第一，在应用过程中，由于相邻两口水平井同时作业，可以在裂缝扩展过程中产生相互作用，构成较为复杂的裂缝网络，使得SRV提高，进而提高单井产量，据相关文献资料表明，应用此技术可以使初始产量和最终采收率有效提高，平均产量较单独压裂的井次而言可提高21%～55%；第二，应用此技术可有效缩减作业时间及设备搬迁调试次数，降低作业成本，提高施工作业的经济性，通过该项工厂化作业的模式可大幅降低成本，为页岩油气的经济开采提供有利条件。

5. 微地震裂缝监测技术

微地震裂缝监测技术是保证水力压裂效果的重要一环，近年来在页岩储层的压裂改造中应用广泛。该技术连接了SRV与施工参数、压裂液体系与压裂缝网结构，可以为水力压裂现场施工提供依据，指导优化设计，为后期的产量预测及新井布井等提供参考。近年来，对裂缝和改造效果评估的分布式光纤温度传感系统（DTS）技术和测斜仪监测技术，也得到越来越多的重视和应用（Mayerhofer等，2006；Meyer等，2011）。

三、页岩油压裂液技术

1. 压裂液的功能

压裂液的主要功能是将地层压开，形成裂缝并使裂缝不断向远端延伸，然后将支撑剂颗粒混入并通过泵机送入至裂缝内，并且在裂缝中形成预设的支撑剂铺设形态。因此，压裂液的主要功能为裂缝起裂与支撑剂传输，在任意环节中出现问题都会导致压裂效果受到影响。

1）裂缝起裂

压裂液将水力能量由地面的泵注设备传递至目标储层以达到造缝与裂缝延伸的目的，低黏度流体如盐水、原油等可用于造缝。在具有一定天然裂缝或存在一定渗透率的地层中，压裂液会向地层中滤失，从而导致压裂液传递水力能量的能力受到很大影响，有些压裂液的摩阻损失较大，这也会影响压裂液的工作效率，因此为了使造缝及裂缝延伸达到很好的效果，往往在压裂液中需要加入降阻剂以减少摩阻损失；其次，提高压裂液的黏度也是提高流体传输效率的一个重要措施。

在页岩储层中，由于其渗透率较低，因此压裂液需要具备造长缝的能力。一般而言，压裂液的黏度控制着压裂液在天然裂缝中的滤失量，也影响着造缝与裂缝延伸效果。Cleary 等（1993）描述了压裂过程中，近井筒地带存在的裂缝扭曲及控制初始裂缝起裂特征的机理，即近井筒裂缝扭曲现象的主要原因由以下两个方面的原因单一或共同作用而成：第一，在同一空间内多条裂缝相互作用起裂；第二，由于远井裂缝区导致裂缝延伸的复杂性。

2）支撑剂输运

当压裂液将地层压开裂缝后，需要将支撑剂输送至裂缝中，以防止裂缝闭合，保证油气通道的流通性，因此支撑剂的输送是压裂液的另一个关键功能。支撑剂的输运过程受多个机理控制，当支撑剂沉降速度远小于输运速度时，支撑剂跟随压裂液移动距离较长，当支撑剂沉降速度较为显著时，支撑剂颗粒会逐渐沉降至裂缝底端，形成沙堤，同时沙堤顶部在连续流动压裂液的冲蚀下，固体颗粒会以较慢的速度向裂缝远端运动。决定支撑剂输运效果的因素主要包括压裂液的黏度、支撑剂的粒径及两者的密度差。

在黏度较低的压裂液中，支撑剂沉降过程较快，容易形成沙堤，支撑剂的运动方式为固定层跃移形式，这种流动方式是形成支撑剂颗粒床后，顶部的支撑剂在颗粒上跃移流动来表征的。支撑剂的相关实验室评价表明，支撑剂颗粒床形成的过程主要包含三个阶段：第一阶段，支撑剂在压裂液的携带下，随着时间增长，裂缝中逐渐形成颗粒床，首先在近井地段达到平衡高度；第二阶段，颗粒床的高度不断累积，由裂缝近井地段向裂缝远端依次达到平衡高度；第三阶段，随着支撑剂的注入，注入的支撑剂移动超过整个颗粒床的长度，从而增大了颗粒床的总长度。

支撑剂的铺置状态是影响压裂效果的关键，研究表明当裂缝宽度接近支撑剂直径时，沉降速度明显降低，且支撑剂的水平流动速度低于压裂液的流速。在排量及压力等条件不变的情况下，支撑剂运移的速度取决于其粒径与缝宽的比值。对于高黏度压裂液而言，其支撑剂传输过程较为复杂，黏度是支撑剂运移的主要参数。

2. 压裂液的分类

1）水基压裂液。

水基压裂液是应用最为广发的一类压裂液，其涵盖的范围较大，包含简单的添加降阻剂的清水及加入各种添加剂的复杂交联聚合物体系。压裂液混砂可采用前置或后置混砂方式开展施工，其流变性能可以通过调节聚合物的浓度来控制。

（1）低黏度压裂液。

添加降阻剂的低黏度压裂液初次见于 20 世纪 50—60 年代，最近常用于页岩地层的压裂施工。该压裂液是在高泵注排量下，用大量的清水携带少量支撑剂在页岩地层中形成一条部分单颗粒制成的长缝，在不添加降阻剂的情况下其摩阻较大。部分水解聚丙烯酰胺是最常用的水溶性降阻剂，常用作油外向乳化液，将乳化和水解的聚合物反转，形成黏滞性液体，起到降阻作用。在大排量泵注条件下，压裂液流速成为控制输送支撑剂的主要因素，并不要求压裂液的黏度过高，因此与交联压裂液冻胶及泡沫压裂液相比，在同等规模的压裂改造施工中，低黏度压裂液的成本更低。

（2）交联压裂液。

交联是增加聚合物分子量较为简单的方法，但其成本较高，水基压裂液可以在提高pH值或降低pH值下进行交联。低pH值交联压裂液特别适用于CO_2增能压裂液或泡沫压裂液。

（3）硼交联压裂液。

常规水基压裂液常用硼交联（图5-5）。硼交联压裂液具有剪切可恢复的流变特性，此类压裂液在剪切作用下黏度发生变化，但当剪切作用消失后黏度恢复，主要原因是由于氢键交联引起的，在压裂施工中，配置的硼交联压裂液具有很好的支撑剂运输能力，其在低剪切或零剪切的作用下具有较高的黏度。

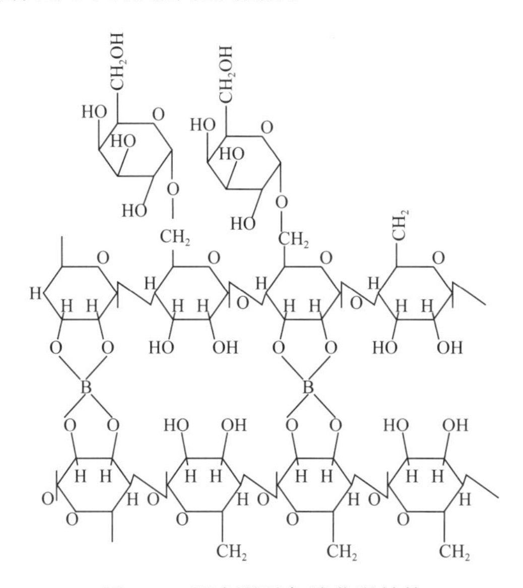

图5-5　硼交联瓜尔胶化学结构

（4）延迟交联体系。

延迟交联的主要目的是为了降低摩阻，避免在泵注高黏度压裂液的过程中对施工设备要求的水马力值较高。在通过高剪切的井筒时，延迟交联可以使剪切降解和液体黏度损失降到最低。延迟交联主要分为时间延迟和温度延迟两类。时间延迟类型，可以加入延迟添加剂以调节交联时间，一般设定的交联时间出现在泵注管路的2/3或3/4处。温度延迟类型是一种螯合物，当压裂液达到某一特定温度时，会发生交联，此类交联剂一般使用双交联体系，即初始弱交联发生于室温条件下，用于提高液体在地面设备和油管中传输支撑剂的能力，二次交联在井底温度条件下用于提高裂缝中压裂液传输和悬浮支撑剂的能力。

2）油基压裂液

早期，中国采用油基压裂液用于裂缝增产，油基压裂液中油是基液中的主要组成部分，通过不同的添加剂配置而形成的压裂液，其原理是通过磷酸酯溶解于柴油或轻质原油中，加入少量的铝酸盐，二者相互融合交联，形成油基冻胶体系，强水敏性地层中通常采用油基压裂液；但是油基压裂液也有缺点，所用的原材料造价高，且其本身具有可燃性，容易引起火灾，由于油的挥发性，很容易使得周围作业环境受到污染。

3）增能压裂液

利用 N_2 或 CO_2 加入至压裂液进行增能可以减少进入地层压裂液的体积，且可提高压裂液的返排率。一般而言，在压裂作业中，增能流体的比率为25%～30%。相对而言，N_2 成本低于 CO_2，更易于使用。N_2 为惰性气体，不会与地层流体混合，其优点在于不会发生化学干扰，N_2 在泵注及返排的过程中始终保持气态，由于 N_2 比压裂液的密度低，因此更容易从滤失进地层中的液体分离出来，因此在使用 N_2 增能时在停泵时应该尽快返排。N_2 不溶于水，在泵注过程中不会影响压裂液 pH 值，因此可用于多数压裂液的增能。

CO_2 在泵注条件下实际上是液态或超临界流体状态。作为一种超临界流体，其临界温度和压力的热力学临界点分别是31.1℃和7.38MPa。作为超临界流体，它可以像气体一样慢慢地通过孔隙，同时又具有液体的密度。CO_2 在油水中可以溶解，在水中溶解后形成碳酸，实际上可以作为水溶性瓜尔胶及其衍生物的破胶剂。液体或超临流体 CO_2 的密度与水接近，因此其形成的增能压裂液或泡沫压裂液的密度并不低于基液，有助于保持井筒静液柱压力。这种流体可以长时间保持在压裂液中，而不会降低增能效果。由于 CO_2 易溶于水，能量可以得到长时间储备，同时就具有“二氧化碳可乐”的效果。由于在低压时，CO_2 溶解度降低，随着越来越多的压力释放，越来越多的 CO_2 气体将从流体中释放出来，有利于压裂液的返排。

4）泡沫压裂液及乳化压裂液

空气中的 N_2、CO_2 不均匀地分散在压裂液中而形成泡沫压裂液，泡沫压裂液具有高悬浮能力，因为低密度会使得摩阻小，泡沫压裂液含水量少，压裂后很容易排出，相比于油基压裂液对周围环境影响小，但是因为气体自身的特性，泡沫压裂液的稳定性相对较差，主要应用于低压、低渗透率的水敏性地层中。

乳化压裂液是在水相和油相中加入具有乳化作用的表面活性剂配制而成的，根据不同的分散介质，分为水包油装和油包水装压裂液。该类型压裂液较适合用于浅井、低温的水敏性地层压裂中，相比于油基压裂液成本会降低。

四、支撑剂技术

压裂产生裂缝的渗透率（导流能力）数量级需高于油气藏基岩的渗透率，才能有效地提高油气井的生产能力。在停泵后，压裂液的压力下降，裂缝在地应力作用下有闭合趋势，以此发展会大幅降低通往井筒导流通道的数量，因此在泵注过程中，采用支撑剂，在压裂液的运输作用下达到裂缝，以达到撑起裂缝的目的，从而保证油气流动的通道。在理想情况下，支撑剂撑起裂缝所提供的流动通道，足以使油气在生产过程中裂缝内的压力损失保持最低，但在实际过程中，由于经济原因和施工方式不同，往往达不到理想效果。

支撑剂是压裂增产作用中的重要一环，它保证了油气与井筒中的通道的连通性。区

域的油气生产能力决定了压裂井的产能，因此有效裂缝面积需要进行设计以保证流动通道，有效裂缝面积根据裂缝的高度及裂缝有效长度确定。在实际施工中，支撑剂在裂缝中的铺置状态将会对裂缝面积产生重要影响。一般而言，压裂工程中需要回答两个支撑剂的基本问题：一是针对压裂作业采用哪种类型的支撑剂，二是在施工过程中支撑剂的用量是多少。

压裂工艺中主要采用两种类型的支撑剂，即天然砂及人工陶瓷或铝土矿支撑剂。天然砂主要用于闭合压力小于 40MPa 的情况，深度通常小于 2500m，人工陶瓷支撑剂则适用于深井，其适用于闭合压力大于 40MPa 左右的工况。人工支撑剂也可以用于通过较高支撑剂填充渗透率以获得最佳裂缝导流能力的情况。图 5-6 为闭合压力对不同类型支撑剂的裂缝导流能力的影响情况。

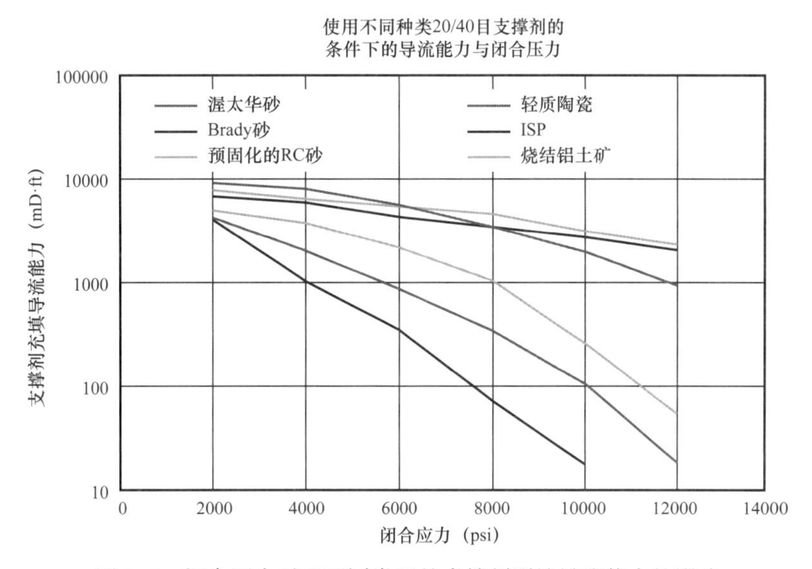

图 5-6 闭合压力对于不同类型的支撑剂裂缝导流能力的影响

1. 压裂砂

渥太华砂和 Brady 砂是石油和天然气行业中使用的两种最主要的压裂砂，根据砂质的主要色泽，它们也通常被称为“棕色砂”或者“白色砂”。根据其物理性质的总体平衡情况，砂质材料可以被细分为优质、良好及非标等级。质量最好的压裂砂主要来自美国的中部和北部，通常也被称为“渥太华砂”。Brady 砂为标准等级，能够达到或者超过水力压裂支撑剂的行业标准要求，这些砂质材料在世界范围内的压裂作业中得到广泛应用。尽管分布范围不大，但仍然有一些达到 API 质量级别要求的压裂砂分布于英国、巴西、沙特阿拉伯和俄罗斯。另外，市场上还有一些来自澳大利亚、中国、波兰和阿曼等地的砂质材料。这些材料通常有一个或者多个指标不能满足行业内公认的指标要求，因此一般被认定为非标准产品。即便如此，由于这种砂质材料在某些特定油气藏的压裂增产中有独特的针对性，因而也一直得到应用。

渥太华砂为单晶结构（具有单一晶相），因此单颗粒强度较高，渥太华（图 5-7）砂具有纯净度高、色白或清澈、圆（球）度高、含微粒极少及酸溶解度低等特征。渥太华砂颗粒一般为小粒径颗粒，也存在 12～70 目的大颗粒，渥太华砂与 Brady 砂的密度约为 $2.65g/cm^3$。

Brady 砂的颜色比渥太华砂的颜色更深，因此通常称为“棕色”砂（图 5-8）。Brady 砂作为支撑剂使用，成本较低，应用也比较广泛，其主要应用于北美地区。Brady 砂产于美国得克萨斯州布莱迪（Brady）附近的希科里组（Hickory）露头。Brady 砂属于多晶材料，也就是说每个颗粒由多个结合在一起的晶体组成。Brady 砂的棱角比渥太华砂更多，且其中的杂质（长石）含量也更高，但经过彻底清洗和加工处理后仍然可以成为一种高质量产品，Brady 砂的棕色主要是由于其中的杂质造成的。由于每个颗粒中都有解理面，因此这种材料更容易破碎，强度受到一定影响。希科里地层中包含各种不同尺寸的砂砾，Brady 砂通常尺寸为 8/12 目到 20/40 目，大于渥太华砂支撑剂的尺寸。

图 5-7　渥太华砂颗粒

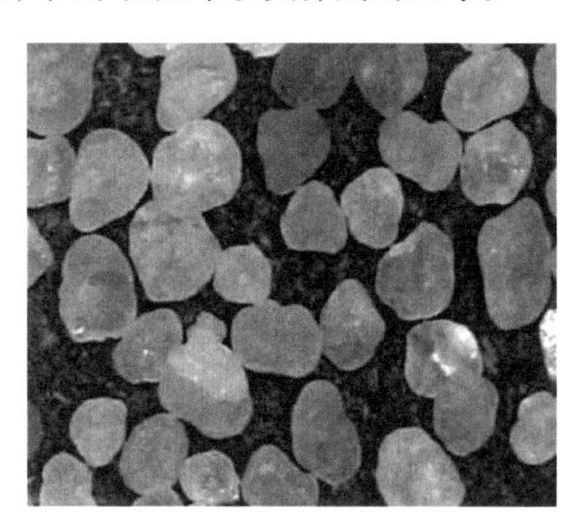

图 5-8　Brady 砂颗粒

2. 陶瓷支撑剂

从 20 世纪 70 年代开始的深层天然气藏开发促进了具有更大强度的压裂支撑剂的开发工作。为了满足这方面新的要求，埃克森美孚（Exxon Mobil）公司生产研究部门开发了第一代陶瓷支撑剂。陶瓷支撑剂是通过烧结 Al_2O_3 含量为 80% 的铝硅赫土颗粒（铝土矿）的方法得到的。铝土矿支撑剂的第一次商业化生产是在 1979 年，专门用于深层天然气井的压裂作业。此后的 1982 年又开发出了中等强度（ISP）支撑剂，ISP 支撑剂所使用的原材料中的 Al_2O_3 含量为 70%。这两种产品都是利用高含铝矿物材料制造而成，在制造过程中，矿物要经过造粒、干燥及在高温炉中加热来形成坚固的多晶结构。陶瓷支撑剂产品最适用于深度超过 10000ft 的地层中的压裂作业。

1）烧结铝土矿（陶粒）

烧结铝土矿即陶瓷基高强度支撑剂（图 5-9），烧结铝土矿中包含刚玉，这是为人类熟知的最坚硬材料之一，因此这种支撑剂具有最高的强度，可以用于深井中恶劣的高应力和高温环境。各种不同的商业化烧结铝土矿产品的密度均达到 $3.4g/cm^3$ 或者更高。由于在烧结铝土矿产品制造过程中采用了特殊的工艺，因此其颗粒具有非常完美的圆度和球形结构。由于其制造成本相对较高，烧结铝土矿支撑剂一般仅用于具有非常高的闭合

压力条件下，也就是通常在高于 10000psi 的条件下使用。由于烧结铝土矿支撑剂具有较高的密度和较小的颗粒尺寸，因此经常被用于提高输送能力。可用的烧结铝土矿支撑剂的通常尺寸为 12～70 目。

2）中等强度支撑剂

中等强度支撑剂是一种熔融型的陶瓷支撑剂，最早出现于 1982 年。其相对密度介于 2.9～3.3 之间。相对密度之间的差异主要是由于不同的制造商在生产支撑剂的过程中选用的原材料来源不同。与烧结铝土矿相比，中等强度支撑剂的强度方面的限制比较低，因此通常用于闭合压力介于 8000～12000psi 之间的压裂作业中。与烧结铝土矿一样，中等强度支撑剂一般具有非常好的圆度和球度（图 5-10），中等强度支撑剂的通常尺寸为 16～70 目。

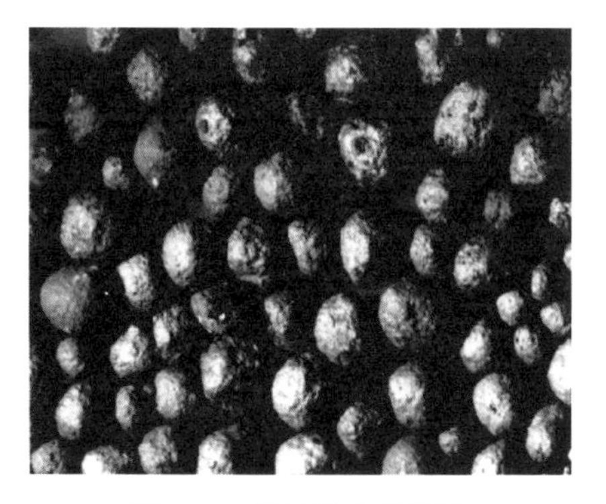

图 5-9　烧结铝土矿颗粒

图 5-10　ISP 颗粒

3）轻质陶瓷支撑剂

轻质陶瓷（LWC）支撑剂具有较高的模来石成分，这是一种硬质的铝硅材料。轻质陶瓷支撑剂最早出现于 1985 年，虽然其强度略逊于铝土矿或者 ISP 支撑剂，但 LWC 支撑剂的密度约为 2.72g/cm^3，因此比铝土矿和 ISP 支撑剂更接近砂质材料。LWC 支撑剂的生产过程可以产生更高强度、更好球度及筛析尺寸更接近的颗粒，所有这些特性都有助于形成比其他同等尺寸高质量砂质材料更好的导流能力（图 5-11）。

图 5-11　LWC 支撑剂

在常规应用过程中，LWC 支撑剂一般应用的闭合压力范围是 6000～10000psi。但这种支撑剂在浅层、低闭合压力地层中的应用更为常见。在这种地层中，由 LWC 支撑剂产生很高的裂缝导流能力（砂质材料或者树脂覆膜砂无法提供的），从而提高了油气井产能。LWC 支撑剂不仅可以应用于石英砂应用范围之外的应力环境，还可用于需要最高导流能力的场合，包括高渗透地层压裂（即压裂充填）及在支撑剂作业中出现非达西流和（或）多相流特征的场合，可以用于商业化压裂作业的轻质陶瓷支撑剂的颗粒尺寸范围为 12～70 目。

4）树脂覆膜支撑剂

树脂覆膜支撑剂中树脂覆膜的作用就是包裹颗粒，主要目的是要提高颗粒强度。在制造过程中，树脂覆膜至少要经过部分固化处理，从而形成一种不融化且具有化学惰性的表面膜。绝大多数的支撑剂类型（砂质或者铝土矿）都可以选用可固化和经过完全预固化处理的树脂覆膜，并且这种支撑剂已广泛用于压裂作业。因为树脂减少了颗粒的棱角，所以支撑剂性能得以提高。此外，包裹树脂后，支撑剂颗粒表面分布应力载荷减少，使破碎颗粒的数量下降；利用这种方式可以降低单点载荷。与此同时，一旦支撑剂颗粒破碎，则树脂覆膜可以被用来包裹微粒及破碎后的部分，防止小颗粒运移并阻塞孔隙喉道和流动通道。和没有树脂覆膜的支撑剂相比，树脂覆膜支撑裂缝一般具有更高的导流能力，且其受限应力也有所提高。经过预固化的支撑剂是指制造商对其树脂覆膜进行了全面的固化处理。与此相对应，可固化支撑剂的树脂覆膜在制造过程中只经过部分的固化处理，其目的在于保证将其放入井底后仍可进一步固化，这样就可以保证单独的支撑剂颗粒的树脂覆膜可以结合。

使用预固化树脂覆膜支撑剂的主要目的是提高核心支撑剂在较高应力水平下的性能。树脂覆膜由于包裹了支撑剂颗粒，防止生产中形成的微粒发生运移。经过预固化树脂覆膜后（图 5-12），支撑剂能耐受地层盐水和超过 300°F 的高温环境。可固化树脂覆膜支撑剂通常用于在生产作业中容易出现支撑剂回流问题的产层中，当它们被放置到地层中后，可固化覆膜与支撑剂颗粒结合，形成坚固的充填材料，以此解决了支撑剂回流及产量下降和地面设备受损等问题。对于树脂覆膜支撑剂而言，通常是利用加固后支撑剂充填的抗挤压强度或者抗拉强度，而不是破碎强度来表示其特性。一般是在压裂作业结束时将可固化树脂覆膜支撑剂泵入，也被称为树脂覆膜尾随注入阶段（图 5-13）。

图 5-12　预固化树脂覆膜支撑剂

图 5-13　可固化树脂覆膜支撑剂

3. 超轻质支撑剂

常用的砂质和陶瓷支撑剂发挥的作用都是承受裂缝的闭合压力。随着支撑剂材料颗粒强度的增加，颗粒的密度或者相对密度也相应的增加。举例来说，砂质材料的相对密度为 2.65，而烧结铝土矿的相对密度则高达 3.65。支撑剂在压裂液中的沉降速度在很大程度上受支撑剂相对密度的制约。在所有常见的支撑剂中，强度最大的铝土矿支撑剂具有最大的沉降速度，即便是在交联液体中。支撑剂沉降速度的评估一般采用比较单颗粒在液体中的静态沉降速度。用这种方法可以确定相同粒径、不同支撑剂时的颗粒沉降速度，铝土矿的沉降速度为 23.2ft/min，砂粒的沉降速度为 16.6ft/min。当支撑剂的相对密度接近液体的相对密度时，将达到接近漂浮的条件，即支撑剂沉降速度几乎为零。

2004 年推出了一批新的商业化支撑剂，既具有较低的相对密度，同时还具有必要的力学性能，从而可以在油气藏温度和应力条件下作为压裂支撑剂使用。这种新材料被称为超轻质支撑剂，即这种支撑剂的颗粒密度远低于砂粒支撑剂。第一代超轻质（ULW）支撑剂的相对密度为 1.25，这种材料是树脂浸渍和覆膜的核桃壳，其相对密度还不到石英砂粒相对密度（2.65）的一半。随后又生产了更多的超轻质支撑剂，这些支撑剂的相对密度分别为 2.02、1.50 和 1.054。

经验表明，超轻质支撑剂具有足够的强度，可以应用于闭合压力高达 5000psi、地层温度超过 200°F 的油气藏。由于超轻质支撑剂具有更低的相对密度，所以单位质量的支撑剂充填的体积也就更大。超轻质支撑剂具有良好的可输送性，可以用黏度更低的压裂液（如 CO_2 压裂液等）有效地输送和铺设支撑剂。因此可以利用简单的低摩阻流体来铺设超轻质支撑剂。ULW 支撑剂被广泛用于盐水基的低摩阻流体，形成接近于中性漂浮的支撑剂砂浆，从而有效地防止支撑剂在裂缝中的沉降。由于支撑剂沉降问题被最大限度地缓解，所以，铺设单层结构的支撑剂成为可能。

五、中国页岩油储层改造实践

1. 中国页岩油储层改造特点

中国页岩储层改造技术发展起步较晚，目前仍处于探索阶段，主要参照国外成功经验，以大型滑溜水压裂为主，尝试水平井分段压裂改造工艺。由中国最早的压裂现场结果来看（包含直径与水平井分段压裂），压裂后在海相、海陆过渡相及陆相页岩中均见到了油气流，证明了中国页岩油气的可压性和可产性，但产能均不高。对国内外页岩储层特点进行分析，中国页岩储层与美国页岩储层存在一定差异，美国页岩储层改造技术需要针对中国储层差异进行适应性研究与改进，才能更好地应用于中国页岩储层的开发，现简述中国页岩储层改造现状的特点。

（1）由页岩储层改造开发效果来看，中国页岩储层脆度与国外具有一定差异，使储层缝网的形成与 SRV 的提高存在很大挑战。通过国内页岩油井岩心资料表明，中国页岩储层的杨氏模量较低、泊松比较高，因此脆度指数明显低于国外页岩油储层，导致可压性较差。

（2）资源开发环境因素复杂。中国页岩油气资源丰富的地区主要分布在缺水地区，因此在实施页岩储层的开发过程中，采用大型滑溜水压裂技术将面临水资源严重短缺的现实。

（3）页岩油赋存地区地质条件复杂。中国的页岩油气示范区的地形条件多为丘陵和山区，与国外页岩气施工现场多为平原情况形成鲜明对照，因此地形的复杂性会影响交通运输，给水力压裂施工尤其是大规模多井次的压裂施工带来严重影响。此外，中国页岩井场地形复杂，给大规模压裂施工设备的安置摆放也带来了一定挑战，在某种程度上限制了先进技术的推广与应用。

（4）改造成本高。由于中国页岩油储层改造处于探索阶段，很多技术及配套设备包括施工工具、缝网监测设备仍需要由国外引进，使得中国页岩储层改造成本明显偏高。据资料显示，中国页岩油水平井建井成本高达5000万至7000万人民币，而美国页岩油水平井建井成本一般不超过350万元，与国外相比中国页岩油产量却明显偏低，按照经济条件和产量递减规律核算，最小经济初始产量需要达到$14 \times 10m^3/d$，与该经济指标相去甚远，这给中国页岩油的开发带来很大的经济挑战。

（5）环保要求高。中国资源及人口分布不均也给页岩开发带来了很大的挑战。中国西部页岩井场多分布在缺水区域，而东部井场分布区域多临近村舍等人口密集区，取水主要以灌溉及饮用水源为主，水资源短缺、返排液处理、噪声消除及交通设施协调的压力对中国页岩储层开发提出了巨大挑战。

综上来看，中国页岩油储层改造取得了一定成果，但仍处于初级探索阶段，有些技术及工艺指标达到了北美地区的指标要求，但开发效果及产量仍达不到预期目标。在页岩改造技术上，主要通过引进国外先进技术，包含待改造层段储层评价、缝网形成条件和可控机理、改造材料体系、分段改造工具及裂缝监测和评估等，取得了一定成果，但中国页岩条件与国外存在一定差异性，如资源、环保、地层等等，在今后的研究中，还应根据中国实际情况，采取针对性的技术研究以取得更好的改造效果。

2. 中国页岩油储层改造的关键问题

1）页岩储层缝网形成机理

天然裂缝与人工裂缝构成的缝网结构是决定页岩油增产改造效果的核心问题。在压裂过程中，微地震监测结果显示（赵金洲等，2017），压裂形成的水力裂缝能够在一定程度上连通井筒周围的天然裂缝，形成较为复杂的非平面、非对称的网状裂缝，形成的缝网结构（即储层改造体积SRV）直接影响页岩油产量。保证人工裂缝能最大化地沟通井筒周围的天然裂缝，形成覆盖面积较广的缝网结构是提高页岩储层改造效果的关键，储层周围的地质构造及压裂的工艺参数是影响压后缝网分布形态的主要因素（Ren等，2014），因此结合地质构造，科学的设计和优化压裂工艺至关重要，为此必须开展页岩压裂过程中复杂裂缝扩展规律和控制理论方面的研究。

针对页岩裂缝扩展的研究主要集中在单井，对多裂缝干扰下的裂缝扩展模型尚缺乏系统性研究。此外，中国页岩储层深层、高温、高应力的特点使塑性变形、蠕变等非线性力

学特征表现明显，因此需要结合中国储层情况进行针对性的研究，关于页岩储层压裂的理论研究、数值模拟及实验研究方面鲜有考虑以上因素。国内岩“井工厂”压裂模式裂缝动态扩展的研究包含众多因素，较为复杂，其中有许多难题亟待针对性的研究，可以在以下方面开展工作：（1）开展页岩“井工厂”模式下裂缝扩展规律的相关研究，对压裂现场页岩岩心进行室内实验，探究高温高应力下，施工参数、岩心性质对水力压裂裂缝扩展规律的影响；（2）页岩储层改造缝网扩展数模研究，压裂裂缝扩展过程涉及多场多因素，在模拟过程中需要将岩石与压裂液相互作用、压裂液滤失、裂缝间相互干扰等考虑在内，建立非均质储层随机裂缝分布下的局部应力场计算模型，计算分析随机裂缝分布下的多井间局部应力分布规律，建立缝网非平面、非线性的动态扩展模型，定量分析“井工厂”模式下网络裂缝扩展力学行为和影响网络裂缝扩展的主控因素；（3）模型求解，基于上述建立的裂缝扩展模型进行求解计算，并对结果的精确性进行分析和验证。

2）支撑剂运移及沉降机理

通过压裂液将支撑剂由地面携带至压裂裂缝中，其作用是在压力释放后防止裂缝闭合，以支撑剂颗粒堆积在压裂缝中形成油气流动通道（Warpinski，2009），如图 5-14 所示。支撑剂的铺置状态将直接影响裂缝的导流能力（Economides 等，2007），在生产过程中由于闭合作用影响，裂缝受到挤压，支撑剂嵌入地层，从而影响增产效果（图 5-15）。中国页岩储层埋藏较深，裂缝闭合压力高，给压裂作业带来了极大困难，因此研究复杂缝网条件下的支撑剂空间运移和沉降机理，能够为合理选择支撑剂类型、提高支撑剂在分支缝中的铺置效率、预防砂堵及维持支撑缝网长效导流能力等方面提供理论依据，满足页岩油藏“少井高产”的导流能力需求。

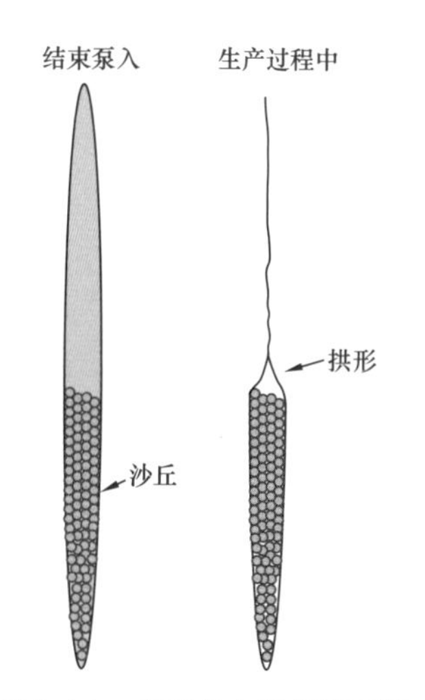

图 5-14 未填充支撑剂的裂缝在生产过程中闭合

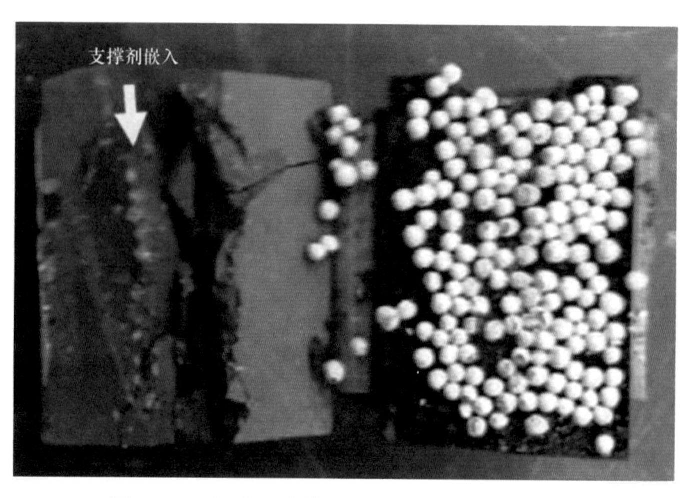

图 5-15 闭合压力作用下支撑剂嵌入页岩地层

国内外关于页岩裂缝缝网中支撑剂运移以及铺置性能的研究较少，支撑剂在裂缝中的展布规律及调控方法尚不清楚，因此待缺乏系统研究。在支撑剂运移及铺置规律的研究方面可以从以下方面展开工作：（1）建立起传热传质条件下，复杂缝网中压裂液的流动规律，明确压裂液在流动过程中的物性参数变化；（2）对支撑剂与压裂液两相流动规律，包括支撑剂沉降、支撑剂运移等规律展开研究，获得缝网支撑剂颗粒空间展布规律；（3）考虑支撑剂颗粒与页岩高度非线性的黏弹性蠕变互作用，阐释支撑缝网长期导流能力的衰变规律，探索维持支撑缝网长效导流能力的工艺技术。

3）页岩油重复造缝机理

国外开发页岩油气的经验表明，虽然页岩储层产量开发后具有较快的递减速率，但页岩压裂水平井生产一定时长后仍保持着较高的二次增产潜力（Roussel 等，2010），特别在开展重复压裂技术后，能使裂缝网络的范围和复杂性进一步增加。中国页岩油要达到“少井高产”的目的，必须要实施重复压裂，而就中国的页岩开发现状而言，重复压裂应用较少，针对此方面的理论研究也较少。因此，开展页岩重复造缝机理方面的研究，必然有助于指导未来页岩水平井重复压裂施工时机的确定及施工参数的优化，从而提高页岩重复压裂的成功率。针对页岩重复造缝机理的研究，可以从以下方面展开工作：（1）研究页岩储层生产过程中的应力场分布，建立水平井应力场的预测模型，以此来作为页岩储层水平井重复压裂的理论依据；（2）研究重复压裂生产过程中的应力场分布，建立考虑热—流—固三场非线性耦合作用下的应力场综合计算模型，确定重复造新缝的力学条件，为施工参数的优化提供依据。

3. 国内页岩油储层改造技术概述

针对中国页岩油储层改造的差异性及难点，常用的页岩油储层改造技术主要有三种。

1）套管固井泵送桥塞式压裂技术

这项技术的基本特点为大液量、大排量、大砂量，这就注定施工规模大，同时对施工工艺也提出了较高的要求。体积压裂工艺通过在现场的应用，存在高压管线连接复杂、供水紧张、水资源重复利用率低、压裂工艺在某些细节方面传统化等问题。

1. 技术流程

（1）井筒准备。用合适尺寸的通井规通井，保证井筒内干净。

（2）使用油管传输进行第一段射孔。

（3）取出射孔枪，进行第一段压裂作业。

（4）电缆作业下入射孔枪及桥塞水平段开泵，泵送桥塞至预定位置。

（5）点火坐封桥塞。

（6）上提射孔枪至预定位置射孔。

（7）起出射孔枪及桥塞下入工具。

（8）投球压裂作业。

（9）用同样方式，根据下入段数要求，依次下入桥塞、射孔，压裂。

（10）分段压裂结束后，采用连续油管钻除桥塞。连续油管下入磨细工具，桥塞完全钻掉，排液求产。

2. 技术特点

（1）通过桥塞实现下层封隔。

（2）多级射孔，实现多段分层压裂。

（3）定位射孔实现定点起裂，裂缝布放位置精准。

（4）桥塞材料密度较小，钻磨后的碎屑可随流体排出井口。

（5）不需要起下钻作业，可降低劳动强度。

（6）射孔压裂连作无需放喷，缩短压裂周期。

3. 水力泵送速钻桥塞作业装备和工具结构原理

水力泵送桥塞压裂技术作业中配备工具主要包括防喷系统、磁定位仪、射孔枪和桥塞。电缆防喷配置组成（自上而下）注脂密封头、防喷管、防喷接头、快速试压接头、液压防喷器、液控球阀、转换法兰、注脂及液压控制系统（侯光东等，2015）。

4. 压裂技术关键

1）复合桥塞性能

由于在不同规格套管固井的施工井中，要使用与之大小相匹配的复合桥塞，使得复合桥塞与套管之间的空隙较小，单边间距基本在5～8mm之间，所以要求复合桥塞要具有良好的下入性，在下入过程中不能因桥塞原因遇阻、遇卡，特别是不能出现未到达预定位置提前坐封的情况。

当桥塞下到设计位置时，需要首先动作使得桥塞坐封，坐封完成后需要再继续进行丢手动作，将桥塞与整个工具串脱离。只有坐封和丢手动作都完成后，桥塞才能固定在设计位置，形成对下部已压裂层段的暂堵，继续后续作业。要求桥塞具有可靠的坐封性及丢手性能，只能在点火动作后才能坐封，不能提前坐封或点火后不坐封；当坐封完成后丢手动作必须随后完成，使桥塞与工具串分离，才能上提工具串进行下一步作业。

该技术是通过复合桥塞对已压裂层段进行暂堵，所以桥塞的密封性好坏是该技术成功与否的关键。要求桥塞在压裂施工过程中，在一定的工作压差下，要具有良好的密封性，能够对已压裂层段进行有效的暂堵，不影响后续的压裂施工。

当全部压裂施工结束后，需要利用连续油管将桥塞全部钻磨，恢复全井筒的畅通，便于后续作业（下工艺管柱、测产气剖面、测压裂缝高等）的进行。为了及时排液、减小对储层的伤害、提高作业效率，这就要求桥塞具有良好的快速可钻性，能够在较短的时间内（一般为30min左右）完成钻磨，同时钻磨形成的钻屑尺寸较小，较容于被携带出井口。

2）多簇点火射孔

由于受电缆防喷管长度的限制，整个桥塞坐封工具加上射孔枪的长度不能大于电缆防喷管长度，所以射孔枪的长度不可能很长，在大段施工段中有必要选择较好的储层段进行射孔，使好储层段得到有效地改造，这就要求射孔枪在井下能够实现多次点火，通过上提工具串，实现对不连续的射孔段进行多簇选择性点火射孔。

3）桥塞坐封和射孔联作

快速可钻式复合桥塞分段压裂技术是每一层段压裂施工完成后，通过下入复合桥塞对已压裂层段进行暂堵，再对上一层段进行射孔、压裂施工，最终完成纵向上的多层压裂改造。

若一趟管柱下井即可完成桥塞坐封和多簇选择性点火射孔，则可减少电缆入井作业次数和时间，可极大地提高作业效率、降低成本。桥塞坐封和射孔联作要求首先点火对桥塞进行坐封，待桥塞丢手完成后，上提工具串再进行多簇选择性点火射孔，最后将工具串上提出井口，进行套管加砂压裂施工（汪于博等，2013）。

5. 技术优势

水力泵送桥塞分段压裂工艺与裸眼预置管柱压裂工艺相比，具有射孔加砂压裂后可迅速钻磨、保证井筒的全通径、利于后期作业的实施等特点。相比水力喷射压裂工艺，可钻桥塞分段压裂的改造强度和力度更大，对于低渗透率储层的改造效果更好，该工艺由于采用射孔、压裂联作，与常规先射孔再下管柱压裂的方法相比，能大幅提高作业时效（贺春增等，2015）。

2）水平井多级分段压裂技术

1. 工具

水平井套管固井预置滑套多级分段压裂完井工艺管柱主要由套管串、工作筒、多个预置可开关滑套和液压扶正器等工具组成。

2. 工艺原理

水平井多级预置滑套固井分段压裂完井技术是将水平井预置可开关滑套配接的套管串下入后固井，通过连续管配接液控开关工具作为启闭滑套的“钥匙”，下入套管串内，当启闭滑套的“钥匙”到达第一个预置可开关滑套内，往油管内加压，启动液控开关工具，使启闭滑套的“钥匙”开始工作，开启预置可开关滑套，进行压裂。压裂完成后，再启动液控开关工具，关闭预置可开关滑套。如此动作反复对每一级进行开启、关闭，完成每一级的压裂工作。

3. 技术特点

（1）采用套管固井完井方式，预置可开关滑套随套管一同下入井内。完井管柱对井眼质量要求低，能够满足薄互层泥砂交互、页岩等储层钻井难度大及井眼质量难以保证的复杂井况要求。

（2）水平段可根据分段压裂优化设计安置多个预置可开关滑套，每个预置可开关滑套的内通径和套管内径都一致，分段级数不受限制。

（3）采用套管压裂方式，预置可开关滑套打开后，压裂通道的过流面积大，能实现大规模、大排量压裂改造工艺，达到形成网状裂缝和体积改造的目的，满足滩坝砂薄互层油藏多层改造及页岩油网缝压裂的需要。

（4）依靠连续管带动液控开关工具对预置可开关滑套实施启闭，压裂和生产过程中不用射孔和钻塞，施工周期短、费用低、用液少，返排及时，安全可靠。

（5）生产后期可以通过启闭预置可开关滑套实施找水或卡堵水等措施，进行选择性生产，还可以进行后期的重复压裂施工（吕玮等，2013）。

4. 技术优势

（1）多级滑套固井分段压裂工艺不需额外射孔；套管作为压裂管柱，减少摩阻，降低地面施工压力；操作可靠、成本低。

（2）多级滑套固井分段压裂工艺的成功应用，为致密、低渗透率储层的压裂改造开发提供技术一种有效的技术手段。

（3）多级滑套固井分段压裂工艺可以实现3～5级分段压裂施工，针对低渗透率储层特点，对更多级的压裂建议引进先进的压裂工艺，如连续油管拖动压裂技术、多簇射孔＋可钻桥塞分段压裂技术等，为压裂工艺的持续优化和进一步上产提供技术保障（麻惠杰等，2014）。

3）裸眼封隔器压裂技术

水平井裸眼分段压裂是提高低孔隙度、低渗透率、低压油气藏产能的主要手段。国内外常见的水平井分段压裂技术有水力喷射压裂技术、桥塞分段压裂技术、环空分段压裂技术、连续油管压裂技术、限流压裂技术及多种工艺的复合分段压裂技术等，但是这些技术都具有一定的局限性。近些年，水平井裸眼封隔器加滑套分段压裂技术由于施工简单、作业效率高，从而得到广泛应用。

水平井裸眼封隔器加滑套分段压裂工艺管柱一般是将压差式开启滑套和投球式喷砂滑套与水力锚、悬挂封隔器、裸眼封隔器、坐封球座、筛管引鞋及低密度球配合使用。

现场施工时将压裂管柱连接到水平井分段压裂工艺管柱上，下到井下预定位置，然后投入低密度球，用泵车加压，关闭坐封球座通道，提高压力坐封所有封隔器。当压力达到足以剪断滑套内的销钉时，压力推动内滑套下行到位，启动锁紧机构进行锁紧，然后通过外筒上的喷砂孔进行压裂施工。施工时依次投入低密度球，压开所有的设计裂缝。压裂施工结束后，油管放喷排液，通过补球器对低密度球进行回收，实现油管无阻，对后续生产不造成影响。

第三节　页岩油藏储层改造新方法

一、页岩油（致密油）储层改造发展方向

国内外油气资源逐步向高温、深层的致密油、页岩油等非常规油气领域发展，因此储层改造技术的发展是关乎能源安全的重中之重。在此背景下，储层改造技术面临的更加复杂的挑战：首先，针对致密油、页岩油等非常规储层，需要在储层改造工程的品质上进一步提高，扩大地质与工程一体化的融合程度，进一步提高改造效果（雷群等，2019）；其次，水平井体积改造技术在非常规油气应用过程中部分机理尚不明确，如多裂缝的扩展形态及其影响因素，以及压裂裂缝受天然裂缝参数的影响规律等，在非常规油气储层改造中，应进一步在裂缝扩展机理、模拟方法进行深入研究（杨立峰等，2018）；在节能环保的大环境下，应当在支撑剂材料方面进行研究，进一步降本增效

（雷群等，2018）；高含水后期稳油控水、原位支撑等新技术缺乏室内实验及现场试验装备；以瓜尔胶、聚合物为主体的压裂液材料环保仍存在技术难题，滑溜水在页岩中的吸附伤害，超深、超高温压裂液体系的抗高温—交联—破胶等关键技术还需大力攻关；“工厂化”压裂技术水平存在作业周期长、设备功效低的问题，应当进一步优化“工厂化”压裂技术，提高页岩油、致密油的开发效率；以互联网为核心的新一轮科技和产业革命推动工程技术不断走向智能化之路，储层改造技术智能化程度普遍较低，在大数据、云处理信息化数据库的建设方面仍处于初级阶段，数据采集、分析、处理的程度较低，全过程远程决策系统的实时数据发送与接收、压裂动态效果分析、系统多节点的兼容性均有许多问题亟待解决。

为解决上述问题，结合中国油气勘探开发的储层对象、储层改造的技术的实际需求，在储层改造技术的发展上应开展重点研究。

（1）在理论上，进一步加强致密油、页岩油等非常规油气储层改造的基础理论研究，重点针对复杂地层、环境下的裂缝起裂、延伸、扩展机理，对复杂缝网的形成机理进行深入研究，建立储层地质可采性与工程可压性的评价体系。

（2）在软件上，建立具有自主知识产权的地质—工程一体化压裂优化设计软件，形成集地质—工程—信息一体化的压裂软件平台。

（3）在硬件上，对压裂设备及压裂工具进行创新改造与升级，提高工作效率，降低作业成本。针对压力车，在三项核心部件（发动机、变速箱、底盘）及五大装备（双燃料驱动、电驱动压裂、橇装式压裂、智能化压裂、深层连续油管作业配套）进行创新改造，降低作业成本，提高环保性能；针对压裂工具，重点在耐高温可溶桥塞、深层分段压裂、老井重复压裂、小井眼压裂、智能化改造等工具进行优化。

（4）在信息化方面，完善储层改造信息化系统建设，在“互联网 +”快速发展的新机遇下，以油田数字化为契机，加快压裂信息化平台、远程控制专家决策平台的建设与应用，充分发挥“互联网 +”技术的集群效应，实现成果高度共享。

二、页岩油储层改造新技术

1. CO_2 压裂技术

CO_2 压裂技术多应用于北美地区的储层开发中，该技术以 CO_2 取代压裂液，在节省水资源的同时也降低了对储层的伤害，该技术也被称为“干法压裂”（谢平等，2009）。CO_2 压裂技术按照 CO_2 与水基配比不同分为纯 CO_2 压裂与 CO_2 泡沫压裂。纯 CO_2 压裂要求采用纯度 100% 的 CO_2 作为压裂液，在压裂过程中压裂规模及井深差异对 CO_2 需求量不同，其作业时必须使用密闭混配车，因此较大规模的压裂施工可能会受到一定限制；CO_2 泡沫压裂要求泡沫质量比在 30%～85% 之间，一般高于 60%，其关键技术为起泡、酸性交联和提高砂液比。在 CO_2 泡沫压裂前，需要对 CO_2 起泡时间和深度范围展开分析，确保在不同储层埋深、地温梯度、裂缝温度场和地层压力条件下可以正常起泡。由于液态 CO_2 呈弱酸性，因此需要采用酸性羟丙基瓜胶类作增黏剂，确保在酸性条件下

可以有效交联是保证 CO_2 泡沫压裂顺利实施的关键。国内外研究发现，采用恒定内相技术可提高砂液比，保证压裂液黏度（郑新权等，2003）。在施工时，采用低温 CO_2 将压裂系统中的设备包括压泵、管线、阀门、接头等冷却，以防止管路温差造成热量损失，随后泵入预先汽化、混配好的 CO_2，井下起泡，也可直接注入汽化好的 CO_2 泡沫（图 5-16）（张强德等，2002）。

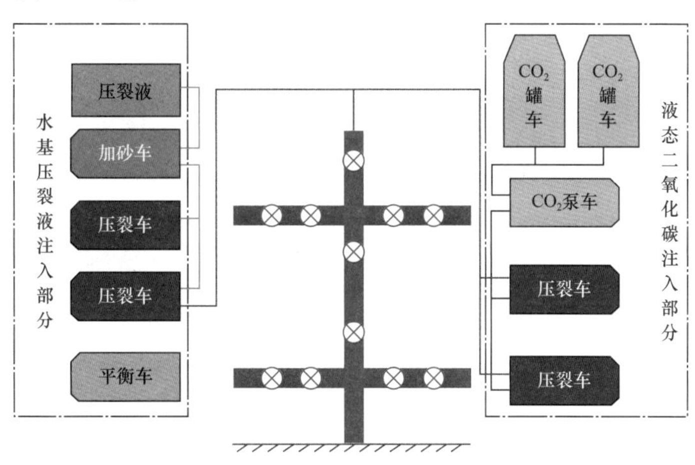

图 5-16 CO_2 压裂施工流程图

CO_2 泡沫压裂具有节省水资源、泡沫黏度高、抗滤失和携砂能力强、储层伤害小和易返排等优势，但由于水基压裂液用量少，在高砂比方面存在很大挑战，对压裂施工压力及配套设备要求较高。

20 世纪 80 年代，美国和加拿大开始进行 CO_2 泡沫压裂的实验研究。1986 年，德国费思道尔夫气藏采用 CO_2 压裂增产近 12 倍，取得了巨大成功。美国在沃萨奇（Wasatch）、棉花谷（Cotton Valley）致密砂岩气储层先后试用该技术，增产效果优于常规水基压裂。2000 年，美国压裂公司在俄亥俄州页岩气开发过程中进行了试验和应用，2002 年伯灵顿（Burlington）公司在李维斯（Lewis）页岩区块进行页岩气藏 CO_2 泡沫压裂喜获成功并取得重大突破（贾利春等，2012）。中国 CO_2 压裂技术始于 20 世纪 90 年代，吉林、大庆、苏里格气田均有试验性应用。2000 年后，长庆油田在油井上进行了 CO_2 泡沫先导性压裂试验，试验井超过 20 口，取得了较好的改造效果，现场统计结果显示压裂液返排大多高于 70%，效率大幅提升，CO_2 泡沫压裂技术解决了低压气层压裂液返排难、气层伤害严重的问题。其中，陕 28 井初测产气 $2\times10^4m^3/d$，压后试气 $22\times10^4m^3/d$，产量提高 11 倍，表明中国已初步掌握应用此项技术的关键技术（Handren 等，2009）。

2. 液化天然气（LNG）压裂技术

LNG 压裂技术也称无水压裂或丙烷 / 丁烷压裂，由加拿大 Gasfrac 能源服务公司研发，荣获第一届、第二届世界页岩气技术创新奖。LNG 压裂技术采用液化丙烷、丁烷或二者混合液取代常规压裂液开展作业，利用液态烃类（丙烷和丁烷，液态烃纯度常高于 90%）等作为压裂介质而非清水基液，其优势在于液态烃低密度、低黏度和可溶性，洗井迅速且近100%返排，可消除多相流问题，压裂后获得更长的裂缝，从而大幅提高产量（图5–17）。

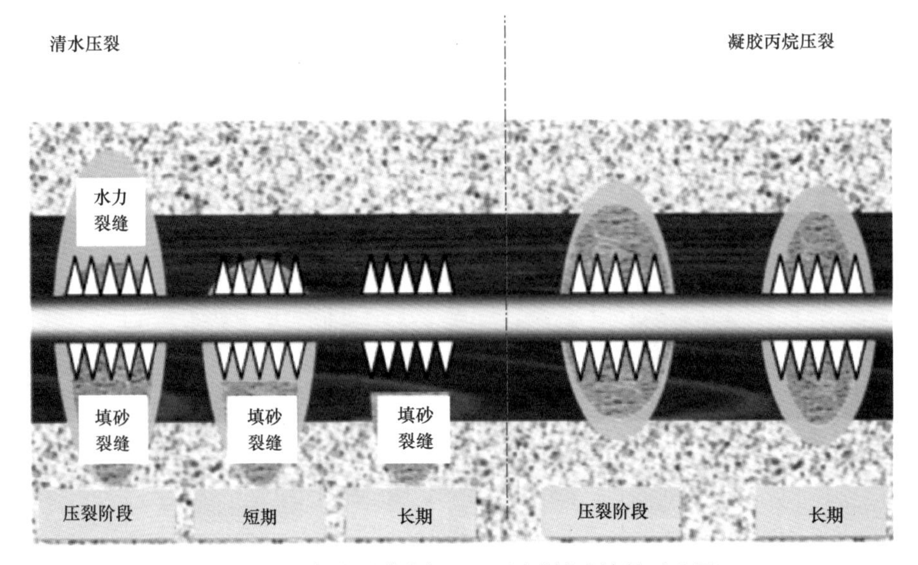

图5–17　水基压裂液与LNG压裂铺砂效果对比图

液化石油气压裂系统由气体凝胶系统、氮气密闭系统、混配系统（凝胶与支撑剂）、压裂注入系统、远程监控系统（风险控制）、气体回收系统组成。施工时全程封闭，先将气体液化，加入支撑剂完成混配后以远程红外监控压裂（图5–18）。

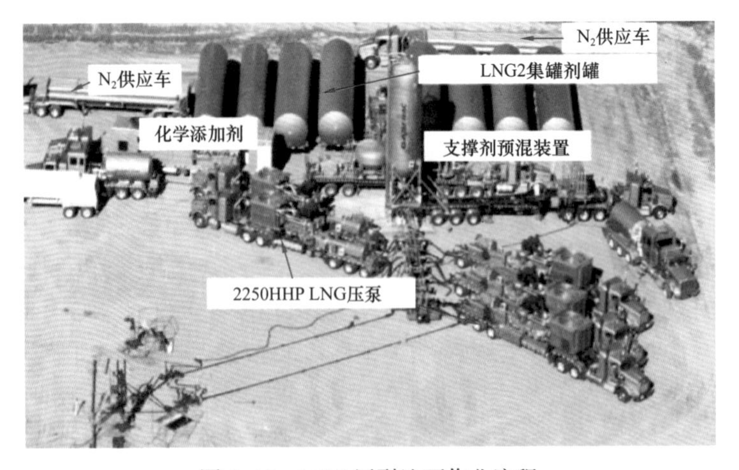

图5–18　LNG压裂地面作业流程

LNG压裂技术可以有效提高单井的油气产量与最终采收率，采收率平均可提高20%以上，此外，采用这种压裂液可以降低储层伤害，同时节省了大量水资源，丙烷等压裂液可进行回收，避免了常规压裂液返排带来的污染。此外，优异的悬砂性能和携砂性能保证铺砂效率和长期支撑、渗流能力。虽然存在诸多优势，该技术也存在一定缺陷，首先，LNG压裂技术成本过高，其短期成本使常规水力压裂液的两倍；其次，LNG可燃

性较强，其安全防爆问题尤为关键，需要在整个作业过程中实时检测。目前，掌握丙烷压裂技术的公司主要是加拿大 Gasfrac 能源服务公司，该公司拥有 10 组作业队，已在加拿大和美国的多个页岩地层中均取得了成功，气井投产后经济效果显著。2012 年 GeoScout 工业数据机构公布了该公司 LNG 压裂与清水压裂效果的对比结果，结果显示丙烷压裂初产量提高 50%～80%，累计提高产能 103% 以上。自 2008 年 1 月开始，该技术已服务于 50 多家国际油气公司。截至 2012 年 3 月，LNG 压裂技术共作业 400 井次，压裂 1200 级，泵入丙烷 $16.1\times10^4m^3$、支撑剂 3.1×10^4t。最多压裂 10 级（水平段为 1200m），泵入 450t 丙烷，最高处理压力为 90MPa，最高泵速为 $8m^3/min$，适用于 45 类油气藏，最深井垂深达 4000m，适应地层温度为 15～149℃。

3. 纤维压裂技术

在常规水力压裂过程中，存在裂缝中支撑剂难以充填或铺置形态不佳导致油气流动通道不达标的问题。该问题产生的原因主要有两点，第一，水力裂缝宽度不够，支撑剂难以嵌入；第二，压裂液携砂能力不足，支撑剂在压裂液中沉降较快，聚集在裂缝底部。针对以上问题，斯伦贝谢等公司采用新型纤维基压裂液（Fiber FRAC）作为页岩气压裂主剂，以延长支撑剂的悬浮效果（图 5-19）。

图 5-19 纤维支撑剂样品微观图片

纤维压裂技术的工艺原理是在压裂液中加入纤维（或光纤）类物质使石英砂等支撑剂在压裂过程中保持悬浮态，裂缝闭合时能改善支撑效果，且加入的纤维有些在一定条件下可自动溶解，从而进一步提高改造缝的导流能力（Coronado，2007）。纤维压裂技术存在明显的优势，其一，纤维压裂液悬砂性能较好，在使用后可以将支撑剂携带至裂缝的更远段，从而提高裂缝的导流能力（图 5-20）；其二，该技术工艺较为简单且成本优势明显。然而，该技术也存在储层伤害的缺陷，由于采用了纤维聚合物，因此其对储层伤害程度较高。

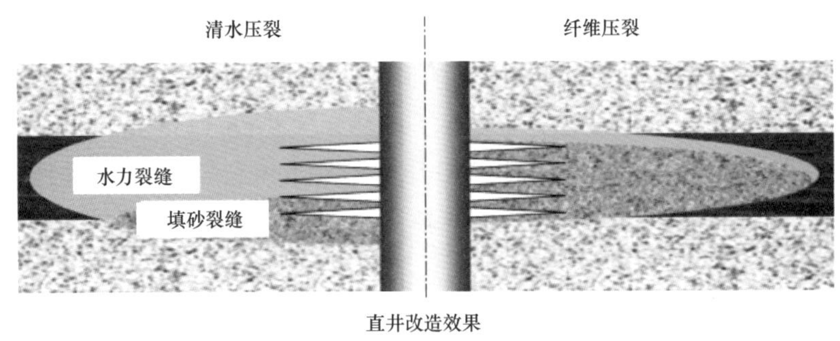

清水压裂
纤维压裂
水力裂缝
填砂裂缝
水平井改造效果

图 5-20　清水压裂与纤维压裂铺砂效果对比

可降解纤维压裂技术适合在弹性模量低、脆性弱、埋藏浅的页岩储层中使用，配合滑溜水基液和轻质支撑剂效果更好。纤维压裂在北美致密气藏开采中表现优异。墨西哥国家石油公司在开发布尔戈斯（Burgos）盆地 Wilcox4 致密砂岩气时对比了常规清水压裂和纤维压裂的生产效果，用常规清水压裂的井，其压裂液密度为 3.6g/cm^3，泵入支撑剂（陶粒）113t；用纤维压裂液的井，以 5.57m^3/min 的速度泵入支撑剂（陶粒）93t。两井均返排一周，采用纤维压裂液的产气能力是常规压裂液的 7 倍以上。该技术在美国巴内特页岩气开发过程中也多有应用，并表现出极大的改造优势。与传统清水压裂相比，纤维压裂的有效裂缝体积更大，改造效果更明显，投产后的日产量明显高于传统方法。巴内特地区 2 口对比井分析结果显示，纤维压裂井产能是清水压裂井的 2 倍左右，120 天后产气量提高 80×10^4m^3。

4. 通道压裂技术

页岩储层黏土矿物以蒙皂石、伊利石为主，水化作用下强度易降低，支撑剂嵌入水力裂缝后常为点接触，塑性形变易导致裂缝闭合。清水压裂技术多通过提高支撑剂磨圆度、强度，降低支撑剂破碎与凝胶吸附等提高裂缝导流能力，但无法避免支撑剂堆积和脱出造成的导流能力降低。2010 年，斯伦贝谢公司研发了通道压裂技术，该技术整合了完井、填砂、导流和质量控制技术，在水力裂缝中聚集支撑剂创造无限导流能力的通道，形成复杂而稳定的油气渗流，使油气产量和采收率最大化。通道压裂技术创造出来的裂缝有更高的导流能力，不受支撑剂渗透性的影响，油气不通过充填层，经由高导流能力的通道进入井筒，这些通道从井筒一直延伸到裂缝尖端，增加了裂缝的有效长度，从根本上改变了裂缝导流能力（图 5-21）。

图 5-21　清水压裂与通道压裂渗流效果对比图

通道压裂技术施工时，通过专业混配设备和操控系统将支撑剂以较高速率脉冲式泵入井下，泵送完成后支撑剂收缩成柱，保持裂缝开启，高速渗流通道围绕支撑剂单元贯通连接。压裂液中除混入支撑剂还将掺入特制纤维材料，用以防止泵注时支撑剂分散，提高携砂能力和悬砂能力。压裂过程采用专业模拟软件监测泵入速率、脉冲频率和加砂比等参数。通道压裂与清水压裂技术相比最大的革新在于支撑剂起到阻止裂缝闭合，而非疏导中介的作用，避免了支撑剂粉碎、压扁、流体伤害和非达西渗流对裂缝导流的影响。

该技术主要优点为：（1）可显著提高最终采收率，降低人工举升成本；（2）优化支撑剂嵌入位置，降低采油气过程中的生产阻力；（3）减少清水（50% 以上）和支撑剂（30% 以上）的用量；（4）减少裂缝壁面伤害；（5）应用范围较广，可适应直井、水平井的单级或多级压裂需求，在储层温度 38～163℃间均可应用。

斯伦贝谢公司已将通道压裂技术用于 10 多个国家的近 3000 段压裂作业中，向 30 余个公司提供服务。阿根廷国家石油公司将此技术用在下侏罗统 Eolian 储层二次改造上，结果显示通道压裂显著减少了返排时间，增加了水力裂缝有效半长，提高了压裂液回收比率，大幅度增加了油气产量。对比分析发现，与清水压裂技术相比（初期产气量为 $15.3\times10^4m^3/d$），通道压裂技术改造后（$23.2\times10^4m^3/d$）比初期产气量提高了 53%。按照已有的 2 年生产数据计算，通道压裂技术处理后，单井采收率在 10 年间可提高 15% 以上，平均单井产气量达 $2.8\times10^7m^3$。

此外，为改善水平井多级压裂效果，提高最终采收率，Petrohaw 公司在鹰滩页岩气开发时也应用了通道压裂技术，结果显示改造效果显著增强，页岩气渗流通道稳定、高效，与配对井（清水压裂）对比，初期日产气提高 37%，最终采收率提高 25%～90%。Petrohawk 公司人员透露，已将斯伦贝谢公司承接的所有鹰滩页岩气开发业务转为通道压裂技术进行开发。

5. 混合压裂技术

清水压裂虽造缝能力强、经济成本低，但页岩储层中的强滤失性使压开裂缝易于闭合，需通过高排量弥补压裂液滤失量，因此对泵注要求和水资源的需求较高。由于清水压裂携砂能力差，裂缝宽度难以保持，近井筒地带易砂堵，采用小粒径支撑剂降低沉降速度则易使裂缝在高地层压力下重新闭合，影响了清水压裂的增产改造效果。混合压裂的出现显著改善了清水压裂滤失量高、黏度低和携砂能力差的缺陷，可以泵入更大粒度的支撑剂，增加裂缝宽度，降低储层伤害。

混合压裂技术的施工流程是先泵入滑溜水，利用清水的强造缝能力产生长裂缝，再泵入交联凝胶前置液，最后利用凝胶和一定粒径支撑剂的混合液在先前形成的长裂缝中发生黏滞指进，减缓支撑剂沉降，确保裂缝导流能力。混合压裂的技术特点是能够获得比普通清水压裂更长的有效裂缝，具有更好的携砂能力和较低的滤失。储层伤害方面，混合压裂技术介于清水压裂和凝胶压裂之间，伤害程度明显小于交联凝胶压裂，且可节约部分用水量。该技术在巴内特页岩黏土含量较高的地区应用，显示单井产量可提高27.7%（Coulter 等，2006）。阿纳达科石油公司在美国海恩思维尔页岩气开发中采用压裂诊断技术来对比混合压裂和清水压裂的应用效果。结果显示，小规模清水压裂的平均有效裂缝半长为 25m，混合压裂后有效裂缝半长为 75m。因此，采用混合压裂可显著增长裂缝，提高裂缝影响范围。

贝克休斯公司在俄克拉荷马州阿纳达科（Anadarko）盆地、阿托卡（Atoka）地层同时采用清水压裂和混合压裂进行施工，结果显示在 18 次清水压裂中，7 次成功，2 次砂堵中断，9 次脱砂；而 14 次混合压裂中，12 次成功，2 次发生洗井时脱砂，仅 5.37m^3 压裂液未成功泵入。对阿托卡层段完井的 A、B 两井试验性作业结果分析，储层厚度都在 13m 左右，A 井清水压裂，B 井混合压裂。对比结果显示，A 井比 B 井多用 35.9% 的压裂液，泵入速率高 26.8%，支撑剂泵入量却少 47.6%。费用方面，A 井需更高功率的泵入设备和更多清水资源，B 井则需稍高的支撑剂费用。从长期生产效果看，B 井创造的产能显著高于 A 井，经济效益更好。

参考文献

崔思华，班凡生，袁光杰 . 2011. 页岩气钻完井技术现状及难点分析［J］. 天然气工业，31（4）：72–75.

贺春增，崔莎莎 . 2015. 水力泵送桥塞分段压裂技术的研究与应用［J］. 辽宁化工，44（2）：211–213.

侯光东，陈飞，刘达 . 2015. 水力泵送桥塞压裂技术在长庆油田的应用［J］. 钻采工艺，38（2）：54–56.

贾利春，陈勉，金衍 . 2012. 国外页岩气井水力压裂裂缝监测技术进展［J］. 天然气与石油，30（1）：44–47.

雷群，管保山，才博，等 . 2019. 储集层改造技术进展及发展方向［J］. 石油勘探与开发，32（3）：1–8.

雷群，杨立峰，段瑶瑶，等 . 2018. 非常规油气“缝控储量”改造优化设计技术［J］. 石油勘探与开发，45（4）：719–726.

李克向 . 1993. 保护油气层钻井完井技术［M］. 东营：中国石油大学出版社 .

吕玮，张建，董建国，等 . 2013. 水平井固井预置滑套多级分段压裂完井技术［J］. 石油机械，41（11）：88–90.

麻惠杰，李光祥，杨延征 . 2014. 多级滑套固井分段压裂技术研究与应用［J］. 化工管理，37（27）：105.

万仁溥 . 2000. 现代完井工程（第二版）［M］. 北京：石油工业出版社 .

汪于博，陈远林，李明，等 . 2013. 可钻式复合桥塞多层段压裂技术的现场应用［J］. 钻采工艺，36（3）：45–48.

王金磊，伍贤柱 . 2012. 页岩气钻完井工程技术现状［J］. 钻采工艺，35（5）：7–10.

谢平，侯光东，韩静静 . 2009. CO_2 压裂技术在苏里格气田的应用［J］. 断块油气田，16（5）：104–106.

杨立峰，田助红，朱仲义，等 . 2018. 石英砂用于页岩气储层压裂的经济适应性［J］. 天然气工业，38（5）：71–76.

张强德，王培义，杨东兰 . 2002. 储层无伤害压裂技术——液态 CO_2 压裂［J］. 石油钻采工艺，24（4）：47–50.

赵杰，罗森曼，张斌 . 2012. 页岩气水平井完井压裂技术综述［J］. 天然气与石油，30（1）：48–51.

赵金洲，尹庆，李勇明 . 2017. 中国页岩气藏压裂的关键科学问题［J］. 中国科学：物理学力学天文学，47（11）：19–32.

郑新权，靳志霞 . 2003. CO_2 泡沫压裂优化设计技术及应用［J］. 石油钻采工艺，25（4）：53–56.

Chong K K，Grieser W V，Passman A，et al. 2010. A completions guide book to shale–play development：A review of successful approaches toward shale–play stimulation in the last two decades［C］. Canadian Unconventional Resources and International Petroleum Conference. Society of Petroleum Engineers.

Cipolla C L，Lolon E，Dzubin B A. 2009. Evaluating stimulation effectiveness in unconventional gas reservoirs［C］. SPE Annual Technical Conference and Exhibition. Society of Petroleum Engineers.

Cipolla C L，Warpinski N R，Mayerhofer M J，et al. 2008. The relationship between fracture complexity，reservoir properties，and fracture treatment design［C］. SPE Annual Technical Conference and Exhibition. Society of Petroleum Engineers.

Cleary M P，Johnson D E，Kogsb–out of hydraulic fractures with adequate proppant concentration［C］. Low permeability reservoirs symposium. Society of Petroleum Engineers.

Coronado J A. 2007. Success of hybrid fracs in the basin［C］. Production and Operations Symposium. Society of Petroleum Engineers.

Coulter G R，Gross B C，Benton E G，et al. 2006. Barnett shale hybrid fracs–one operator's design，application，and results［C］. SPE Annual Technical Conference and Exhibition. Society of Petroleum Engineers.

Du D F，Wang Y Y，Zhao Y W，et al. 2017. A new mathematical model for horizontal wells with variable density perforation completion in bottom water reservoirs［J］. Petroleum Science，14（2）：383–394.

Economides M J, Martin T. 2007. Modern fracturing : Enhancing natural gas production [M] . Houston : ET Publishing.

Handren P J, Palisch T T. 2009. Successful hybrid slickwater-fracture design evolution : an east texas cotton valley taylor case history [J] . SPE Production & Operations, 24 (3) : 415-424.

Jaripatke O A, Chong K K, Grieser W V, et al. 2010. A completions roadmap to shale-play development : a review of successful approaches toward shale-play stimulation in the last two decades [C] . International Oil and Gas Conference and Exhibition in China. Society of Petroleum Engineers.

King G E. 2010. Thirty years of gas shale fracturing : What have we learned? [C] . SPE Annual Technical Conference and Exhibition. Society of Petroleum Engineers.

Mayerhofer M J, Lolon E P, Youngblood J E, et al. 2006. Integration of microseismic-fracture-mapping results with numerical fracture network production modeling in the Barnett Shale [C] . SPE annual technical conference and exhibition. Society of Petroleum Engineers.

Meyer B R, Bazan L W. 2011. A discrete fracture network model for hydraulically induced fractures-theory, parametric and case studies [C] . SPE hydraulic fracturing technology conference. Society of Petroleum Engineers.

Ren L, Zhao J, Hu Y. 2014. Hydraulic fracture extending into network in shale : reviewing influence factors and their mechanism [J] . The Scientific World Journal.

Roussel N P, Sharma M M. 2010. Quantifying transient effects in altered-stress refracturing of vertical wells [J] . SPE Journal, 15 (3) : 770-782.

Roussel N P, Sharma M M. 2011. Optimizing fracture spacing and sequencing in horizontal-well fracturing [J] . SPE Production & Operations, 26 (2) : 173-184.

Soliman M Y, East L E, Augustine J R. 2010. Fracturing design aimed at enhancing fracture complexity [C] . SPE EUROPEC/EAGE Annual Conference and Exhibition. Society of Petroleum Engineers.

Wang F P, Reed R M. 2009. Pore networks and fluid flow in gas shales [C] . SPE annual technical conference and exhibition. Society of Petroleum Engineers.

Warpinski N R, Mayerhofer M J, Vincent M C, et al. 2009. Stimulating unconventional reservoirs : maximizing network growth while optimizing fracture conductivity [J] . Journal of Canadian Petroleum Technology, 48 (10) : 39-51.

Warpinski N R. 2009. Stress amplification and arch dimensions in proppant beds deposited by waterfracs [C] . SPE Hydraulic Fracturing Technology Conference. Society of Petroleum Engineers.

Waters G A, Dean B K, Downie R C, et al. 2009. Simultaneous hydraulic fracturing of adjacent horizontal wells in the woodford shale [C] . SPE hydraulic fracturing technology conference. Society of Petroleum Engineers.